JN094572

新学習指導要領対応

学校でも、家庭でも
これだけできれば安心！

初級 算数

小学 1 年生

習熟プリント

学力の基礎をきたえ
どの子も伸ばす研究会

金井 敬之 著

できちゃった！

清風堂書店

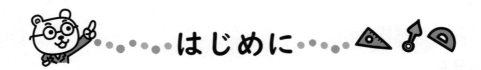

はじめに

「算数習熟プリント」は発売以来長きにわたり、学校現場や家庭で支持されてまいりました。
その中で、変わらず貫き通してきた特長は次の3つです。

○ 通常のステップよりもさらに細かくスモールステップにする
○ 大事なところは、くり返し練習して習熟できるようにする
○ 教科書レベルがどの子にも身につくようにする

この内容を堅持し、新たなくふうを加え、2020年4月に「算数習熟プリント」を出版し、2022年3月には「上級算数習熟プリント」を出版しました。両シリーズとも学校現場やご家庭で活用され、好評を博しております。

さらに、子どもたちの基礎力を充実させるために、「初級算数習熟プリント」を発刊することとなりました。算数が苦手な子どもたちにも取り組めるように編集してあります。

今回の改訂から、初級算数習熟プリントには次のような特長が追加されました。

○ 観点別に到達度や理解度がわかるようにした「まとめテスト」
○ 親しみやすさ、わかりやすさを考えた「太字の手書き風文字」「図解」
○ 前学年のおさらいのページ「おぼえているかな」
○ 解答のページは、本文を縮めたものに「赤で答えを記入」
○ 使いやすさを考えた「消えるページ番号」

「まとめテスト」は、算数の主要な観点である「知識（理解）」（わかる）、「技能」（できる）、「数学的な考え方」（考えられる）問題に分類しています。

これは、「計算はまちがえたが、計算のしくみや意味は理解している」「計算はできるが、文章題はできない」など、どこでつまずいているのかをつかみ、くり返し練習して学力の向上へと導くものです。十分にご活用ください。

「おぼえているかな」は、前学年のおさらいをして、当該学年の内容をより理解しやすいようにしました。すべての学年に掲載されていませんが、算数は系統的な教科なので前学年の内容が理解できると今の学年の学習が理解しやすくなります。小数の計算が苦手なのは、整数の計算が苦手なことが多いです。前学年の内容をおさらいすることは重要です。

本文には、小社独自の手書き風のやさしい文字を使っています。子どもたちに見やすく、きれいな字のお手本にもなるようにしました。

また、学校で「コピーして配れる」プリントです。コピーすると、プリント下部の「ページ番号が消える」ようにしました。余計な時間を省き、忙しい中でも「そのまま使える」ようにしました。

本書「初級算数習熟プリント」を活用いただき、基礎力を充実させていただければ幸いです。

学力の基礎をきたえどの子も伸ばす研究会

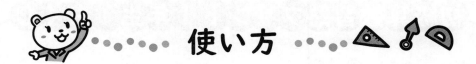

使い方

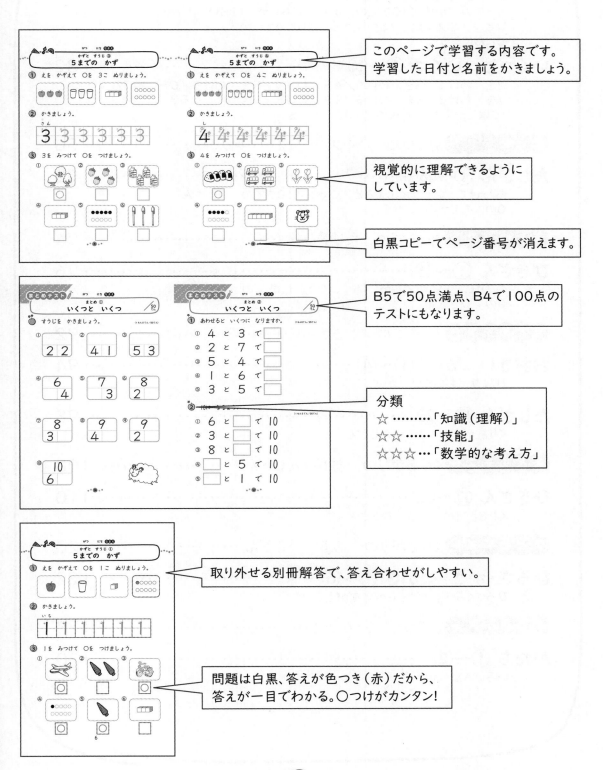

このページで学習する内容です。学習した日付と名前をかきましょう。

視覚的に理解できるようにしています。

白黒コピーでページ番号が消えます。

B5で50点満点、B4で100点のテストにもなります。

分類
☆ ………「知識（理解）」
☆☆ ……「技能」
☆☆☆ …「数学的な考え方」

取り外せる別冊解答で、答え合わせがしやすい。

問題は白黒、答えが色つき（赤）だから、答えが一目でわかる。○つけがカンタン！

初級算数習熟プリント1年生　もくじ

かずと　すうじ ①
5までの　かず

① えを　かぞえて　○を　1こ　ぬりましょう。

② かきましょう。

いち
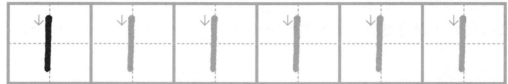

③ 1を　みつけて　○を　つけましょう。

①

②

③

○

□

□

④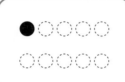

⑤

⑥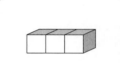

□

□

□

かずと　すうじ ②
5までの　かず

① えを　かぞえて　○を　2こ　ぬりましょう。

  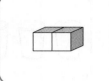 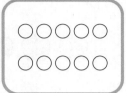

② かきましょう。

に

2　2　2　2　2　2

③ 2を　みつけて　○を　つけましょう。

①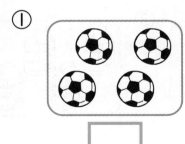

②

○

③

④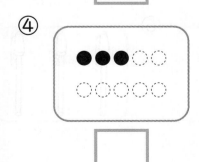

⑤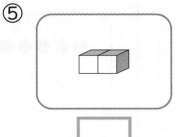

⑥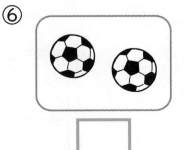

かずと　すうじ ③
5までの　かず

① えを　かぞえて　○を　3こ　ぬりましょう。

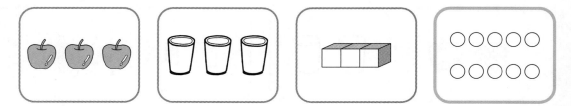

② かきましょう。

さん

| 3 | 3 | 3 | 3 | 3 | 3 |

③ 3を　みつけて　○を　つけましょう。

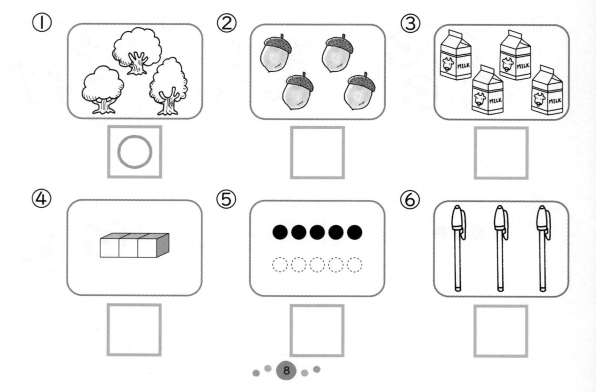

① ② ③

④ ⑤ ⑥

かずと　すうじ ④
5までの　かず

① えを　かぞえて　○を　4こ　ぬりましょう。

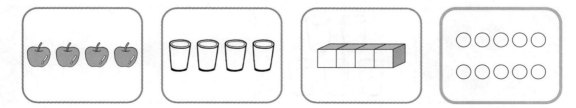

② かきましょう。

し

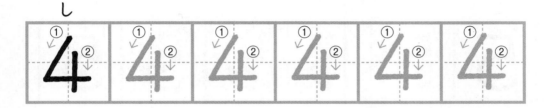

③ 4を　みつけて　○を　つけましょう。

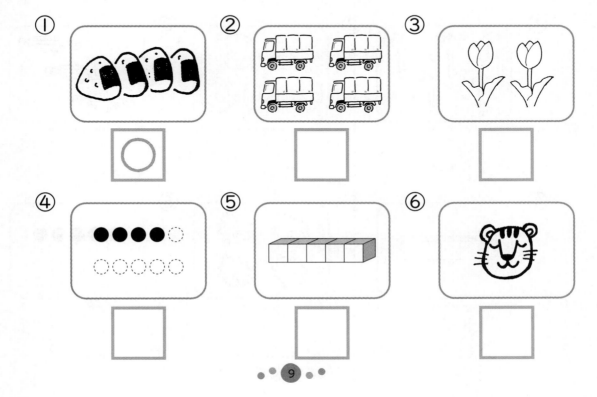

① ② ③

④ ⑤ ⑥

かずと　すうじ ⑤
５までの　かず

① えを　かぞえて　○を　５こ　ぬりましょう。

  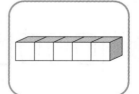 

② かきましょう。

ご

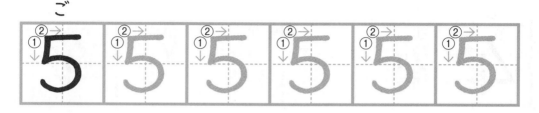

③ ５を　みつけて　○を　つけましょう。

①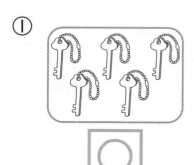

②

③

④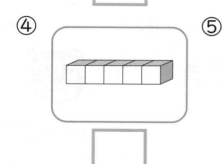

⑤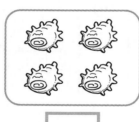

⑥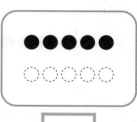

がつ　　にち　なまえ

かずと　すうじ ⑥
5までの　かず

① ていねいに　れんしゅうしましょう。

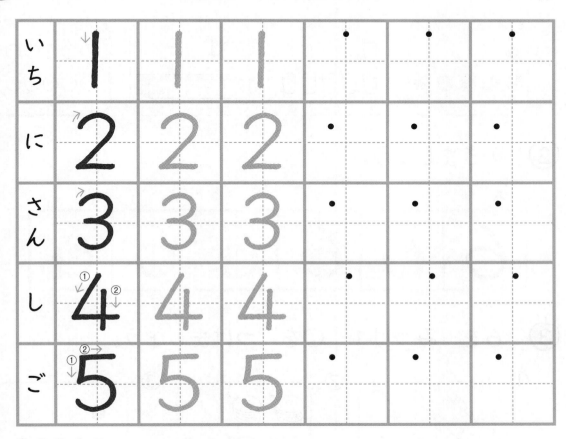

② いくつですか。□に　かずを　かきましょう。

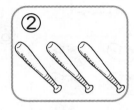

かずと　すうじ ⑦
10までの　かず

① えを　かぞえて　○を　6こ　ぬりましょう。

  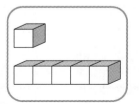 

② かきましょう。

ろく

6 6 6 6 6 6

③ 6を　みつけて　○を　つけましょう。

①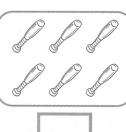

②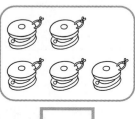

③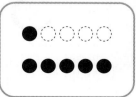

④

⑤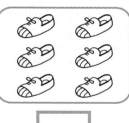

⑥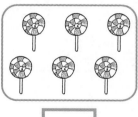

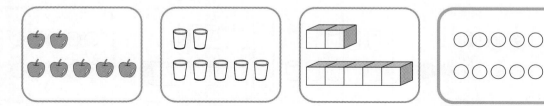

かずと すうじ ⑧

10までの かず

① えを かぞえて ○を 7こ ぬりましょう。

② かきましょう。

しち

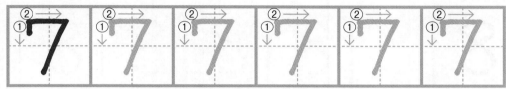

③ 7を みつけて ○を つけましょう。

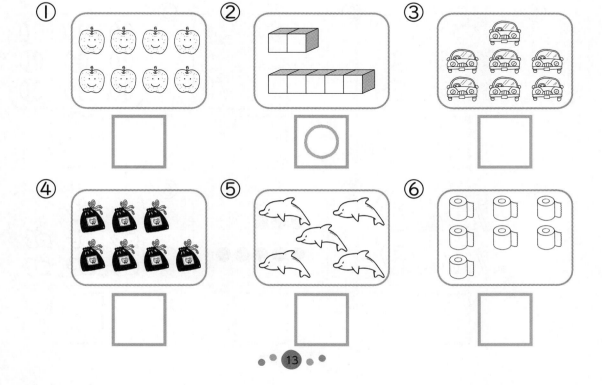

かずと　すうじ ⑨

10までの　かず

① えを　かぞえて　○を　8こ　ぬりましょう。

  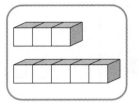 

② かきましょう。

はち

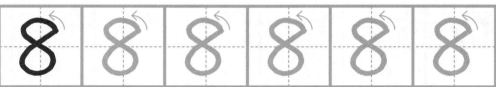

③ 8を　みつけて　○を　つけましょう。

①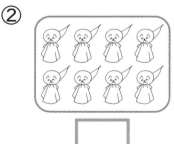

②

③

④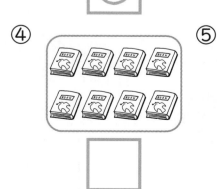

⑤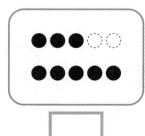

⑥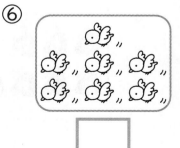

かずと　すうじ ⑩
10までの　かず

① えを　かぞえて　○を　9こ　ぬりましょう。

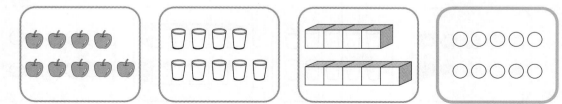

② かきましょう。

く

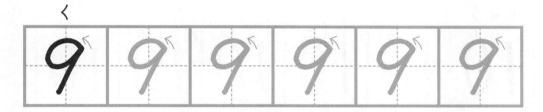

③ 9を　みつけて　○を　つけましょう。

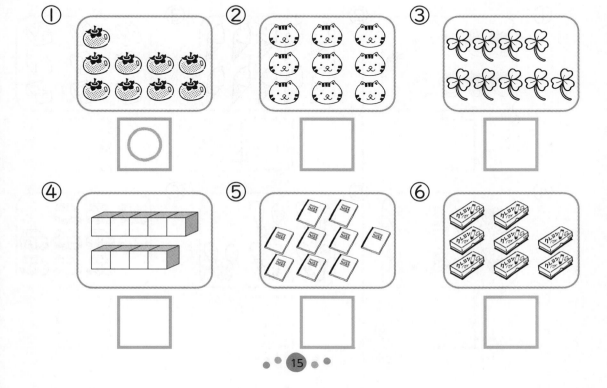

かずと　すうじ ⑪
10までの　かず

① えを　かぞえて　○を　10こ　ぬりましょう。

  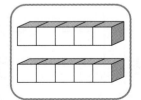 

② かきましょう。

じゅう

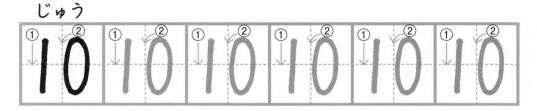

③ 10を　みつけて　○を　つけましょう。

①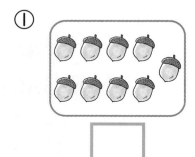

②

③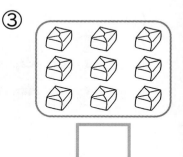

④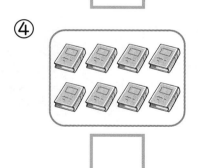

⑤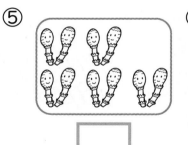

⑥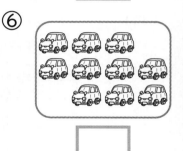

かずと　すうじ ⑫
10までの　かず

① ていねいに　れんしゅうしましょう。

ろく	6	6	6	•	•	•
しち	7	7	7	•	•	•
はち	8	8	8	•	•	•
く	9	9	9	•	•	•
じゅう	10	10	10	•	•	•

② いくつですか。□に　かずを　かきましょう。

①	②	③	④
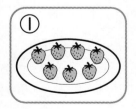			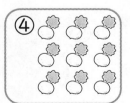

7

かずと　すうじ ⑬
どちらが　おおい

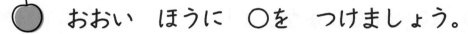 おおい　ほうに　○を　つけましょう。

①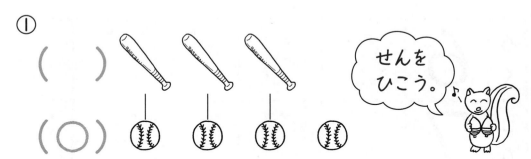

( )

(○)

せんを
ひこう。

② ( )

( )

③ ( )

( )

④ ( )

( )

⑤ ( )

( )

かずと　すうじ ⑭
どちらが　おおい

おおきい　かずに　○を　つけましょう。

①

3	2

(○) ( )

②

5	3

( ) ( )

③

2	5

( ) ( )

④

1	2

( ) ( )

⑤

4	1

( ) ( )

⑥

3	4

( ) ( )

かずと　すうじ ⑮
どちらが　おおい

おおい　ほうに　○を　つけましょう。

① （ ○ ）

（ 　 ）

② （ 　 ）

（ 　 ）

③ （ 　 ）

（ 　 ）

④ （ 　 ）

（ 　 ）

⑤ （ 　 ）

（ 　 ）

かずと　すうじ ⑯
どちらが　おおい

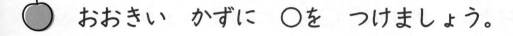おおきい　かずに　○を　つけましょう。

①

8	9

（　　　　）（　　　　）

②

10	7

（　　　　）（　　　　）

③

9	6

（　　　　）（　　　　）

④

7	9

（　　　　）（　　　　）

⑤

6	10

（　　　　）（　　　　）

⑥

7	8

（　　　　）（　　　　）

かずと　すうじ ⑰

どちらが　おおい

🍎 おおきい　かずに　○を　つけましょう。

① 3 1
（　　　）（　　　）

② 2 4
（　　　）（　　　）

③ 2 1
（　　　）（　　　）

④ 1 4
（　　　）（　　　）

⑤ 4 5
（　　　）（　　　）

⑥ 3 4
（　　　）（　　　）

かずと　すうじ ⑱
どちらが　おおい

 おおきい　かずに　○を　つけましょう。

① | 5 | 6 |
（　　　）（　　　）

②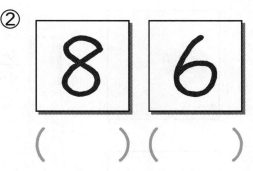
| 8 | 6 |
（　　　）（　　　）

③ | 7 | 5 |
（　　　）（　　　）

④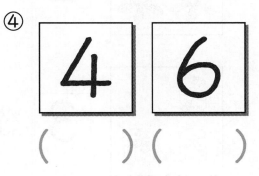
| 4 | 6 |
（　　　）（　　　）

⑤ | 3 | 7 |
（　　　）（　　　）

⑥ | 10 | 7 |
（　　　）（　　　）

かずと　すうじ ⑲
ひとつ　ふえると

 ひとつ　ふえた　かずを　かきましょう。

 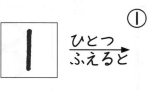 ①

 ②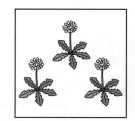

 ③

 ④

 ⑤

かずと　すうじ ⑳
ひとつ　ふえると

🍎 ひとつ　ふえた　かずを　かきましょう。

 6  ①

 7  ②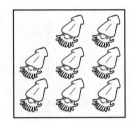

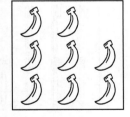 8  ③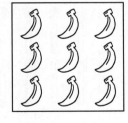

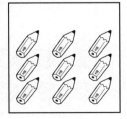 9  ④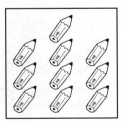

がつ　　にち　なまえ

ひとつ　へると

 ひとつ　へった　かずを　かきましょう。

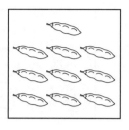 10 ひとつ→ へると ① 9

9 ひとつ→ へると ②

8 ひとつ→ へると ③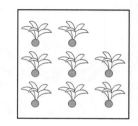

7 ひとつ→ へると ④

6 ひとつ→ へると ⑤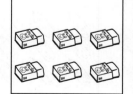

かずと　すうじ ㉒
ひとつ　へると

 ひとつ　へった　かずを　かきましょう。

5 　ひとつ　へると　→ ①　□

4 　ひとつ　へると　→ ②　□

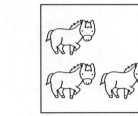

3 　ひとつ　へると　→ ③　□

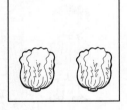

2 　ひとつ　へると　→ ④　□

かずと　すうじ ㉓

0と　いう　かず

① おかしは　いくつですか。

2

れい **0**

② ごおるに　いくつ　はいりましたか。

③ ていねいに　かきましょう。

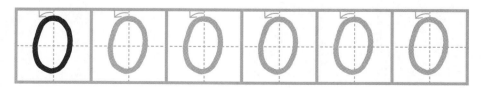

かずと　すうじ ㉔
じゅんに　かく

● □に　かずを　かきましょう。

うすい　すうじは
なぞりましょう。

①

| 0 | → | 1 | → | 2 | → | 3 | → | 4 | → | 5 |

→ | 6 | → | 7 | → | 8 | → | 9 | → | 10 |

②

| 0 | → | | → | | → | | → | | → | 5 |

→ | | → | | → | 8 | → | | → | |

③

| 6 | → | | → | | → | | → | 10 |

④

| | → | | → | 5 | → | | → | 7 |

じゅんに　かく

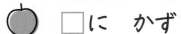に　かずを　かきましょう。

① 10 → 9 → 8 → 7 → 6 → 5

→ 4 → 3 → 2 → 1 → 0

② 10 → □ → 8 → □ → □ → 5

→ □ → □ → 2 → □ → □

③ 7 → □ → 5 → □ → 3

④ 6 → □ → □ → 3 → □

かずと　すうじ ㉖

じゅんに　かく

 □に　かずを　かきましょう。

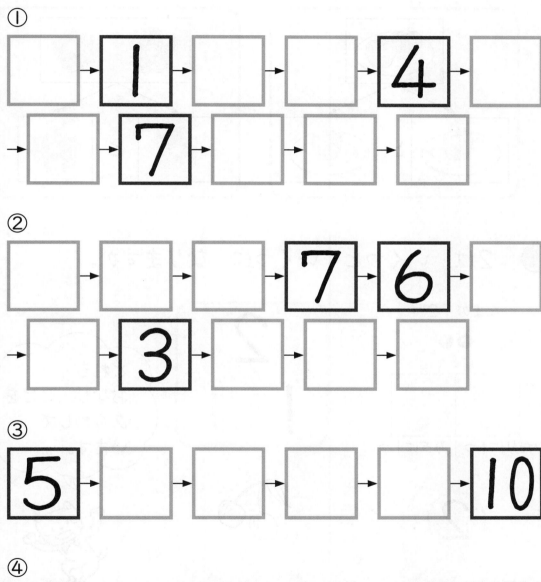

①
| | 1 | | | 4 | |

→| | 7 | | | |

②
| | | | 7 | 6 | |

→| | 3 | | | |

③
5 → | | → | | → | | → | | → 10

④
5 → | | → | | → | | → | | → 0

いくつと　いくつ ①
2を　わける

2つ　あります。いくつと　いくつに　なりますか。

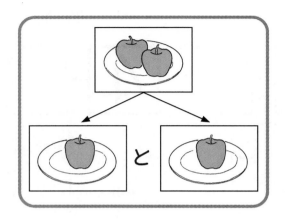

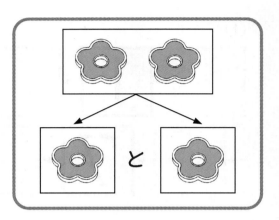

2は　いくつと　いくつに　なりますか。

たまが　2つ

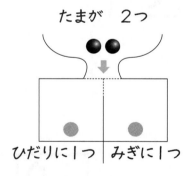

ひだりに1つ　みぎに1つ

2	
1	1

どれも
おなじ　ことを
あらわして
います。

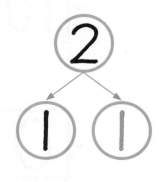

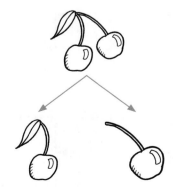

いくつと　いくつ ②
3を　わける

3つ　あります。いくつと　いくつに　なりますか。

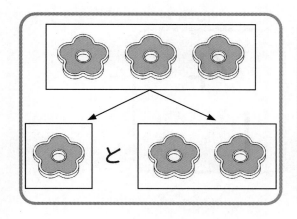 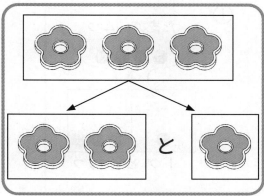

🍎 3は　いくつと　いくつに　なりますか。

①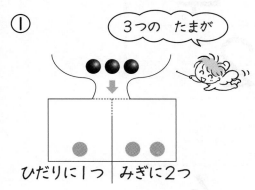

すうじで　かくと

②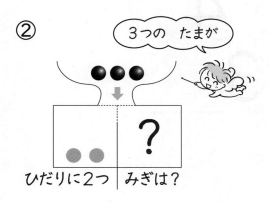

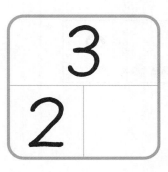

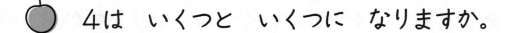

いくつと　いくつ ③
4を　わける

🍎 4は　いくつと　いくつに　なりますか。

① たまが　4つ

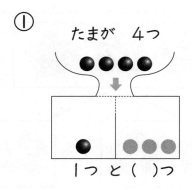

1つ と（　）つ

②

③

がつ　　にち　**なまえ**

いくつと　いくつ④

5を　わける

 5は　いくつと　いくつに　なりますか。

①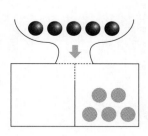

5	
0	5

②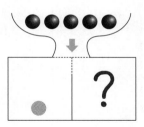

5	
1	

③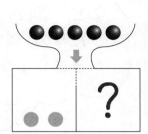

5	
2	

いくつと　いくつ ⑤
5を　わける

 5は　いくつと　いくつに　なりますか。

①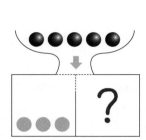

$$\begin{array}{|c|c|} \hline \multicolumn{2}{|c|}{5} \\ \hline 3 & 2 \\ \hline \end{array}$$

②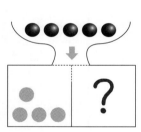

$$\begin{array}{|c|c|} \hline \multicolumn{2}{|c|}{5} \\ \hline & \\ \hline \end{array}$$

③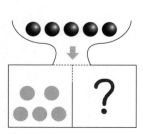

$$\begin{array}{|c|c|} \hline \multicolumn{2}{|c|}{5} \\ \hline & \\ \hline \end{array}$$

②と　③は
ひだりの　かずも
かきましょう。

いくつと　いくつ ⑥
6を　わける

 6は　いくつと　いくつに　なりますか。

〇をぬって　かんがえましょう。

①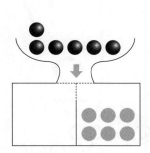

6	
0	6

②

6	
1	

③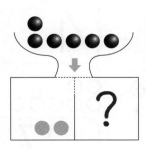

6	
2	

④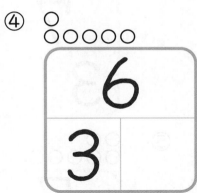

6	
3	

⑤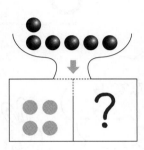

6	
4	

⑥

6	
5	

いくつと　いくつ ⑦
7を　わける

 7は　いくつと　いくつに　なりますか。

①

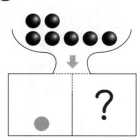

7	
1	6

②

7	
2	

③

7	
3	

④

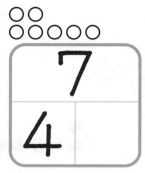

7	
4	

⑤

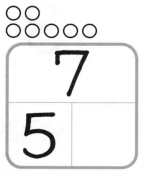

7	
5	

⑥

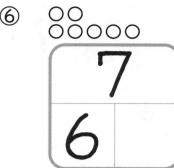

7	
6	

⑦

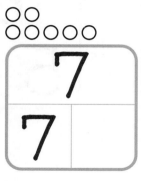

7	
7	

○を　ぬりながら
かんがえましょう。

いくつと　いくつ ⑧
8を　わける

 8は　いくつと　いくつに　なりますか。

①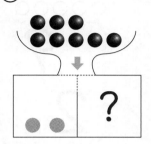

8	
2	6

② ○○○
○○○○○

8	
1	

③ ○○○
○○○○○

8	
3	

④ ○○○
○○○○○

8	
4	

⑤ ○○○
○○○○○

8	
5	

⑥ ○○○
○○○○○

8	
6	

⑦ ○○○
○○○○○

8	
7	

⑧ ○○○
○○○○○

8	
8	

いくつと　いくつ ⑨
9を　わける

 9は　いくつと　いくつに　なりますか。

①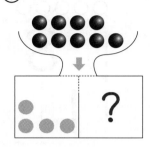

9	
4	5

② ○○○○○ ○○○○

9	
2	

③ ○○○○○ ○○○○○

9	
3	

④ ○○○○ ○○○○○

9	
5	

⑤ ○○○○○ ○○○○

9	
6	

⑥ ○○○○ ○○○○○

9	
7	

⑦ ○○○○ ○○○○○

9	
8	

⑧ ○○○○ ○○○○○

9	
1	

いくつと　いくつ ⑩
いくつに　なる？

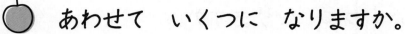

🍎 あわせて　いくつに　なりますか。

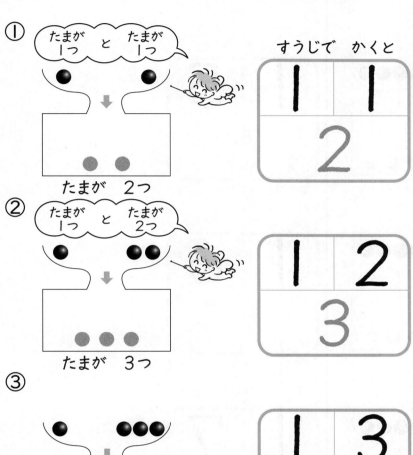

① たまが　1つ　と　たまが　1つ

すうじで　かくと

1	1
2

たまが　2つ

② たまが　1つ　と　たまが　2つ

1	2
3

たまが　3つ

③

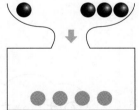

1	3

④

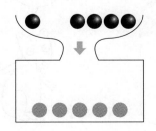

1	4

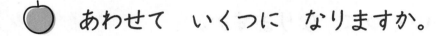
いくつに　なる？

あわせて　いくつに　なりますか。

①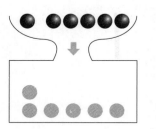

1 5
6

②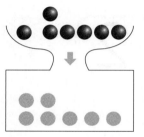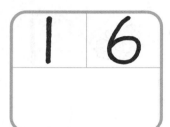

1 6

③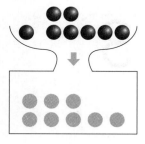

1 7

④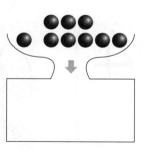

1 8

④は　●も
かきましょう。

いくつと　いくつ ⑫
いくつに　なる？

 あわせて　いくつに　なりますか。

①

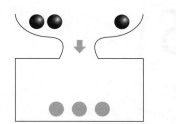

②

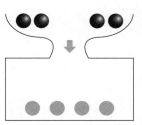

③

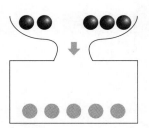

④

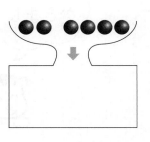

④は ● も
かきましょう。

いくつに　なる？

 あわせて　いくつに　なりますか。

①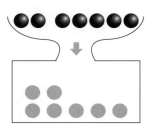

②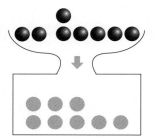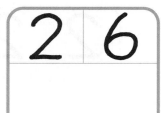

③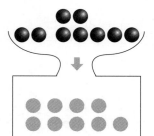

④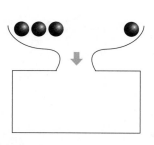

④は　●も
かきましょう。

いくつと　いくつ ⑭

いくつに　なる？

 あわせて　いくつに　なりますか。

①

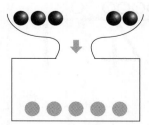 

②

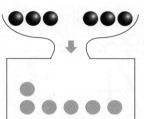 

③

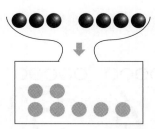 

④

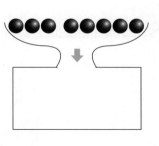 

④は　●も
かきましょう。

いくつに　なる？

 あわせて　いくつに　なりますか。

①
○○○　○○○○○

3	6
9	

②
○○○○　○

4	1
5	

③
○○○○　○○

4	2

④
○○○○　○○○

4	3

⑤
○○○○　○○○○

4	4

⑥
○○○○　○○○○○

4	5

いくつと　いくつ ⑯
いくつに　なる？

 あわせて　いくつに　なりますか。

① ○○○○○ ○

5	1
6	

②

③ ○○○○○ ○○○

5	3

④

⑤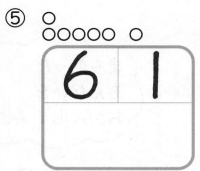

⑥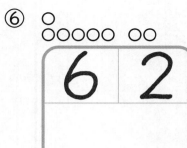

いくつと　いくつ ⑰
いくつに　なる？

 あわせて　いくつに　なりますか。

① ○○○○○ ○○○

6	3

②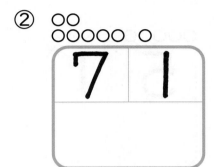

③ ○○○○○ ○○

7	2

④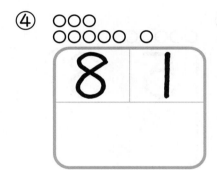

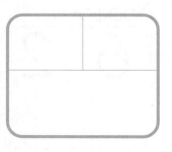 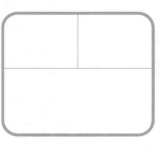

まちがった
もんだいを
おさらいして　みよう。

いくつと　いくつ ⑱
いくつに　なる？

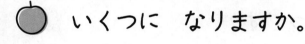 いくつに　なりますか。

① 1と1で $\boxed{2}$　　② 1と2で □

③ 1と5で □　　④ 1と8で □

⑤ 2と3で □　　⑥ 2と4で □

⑦ 2と7で □　　⑧ 3と6で □

⑨ 4と3で □　　⑩ 5と4で □

いくつと　いくつ ⑲
10は　いくつと　いくつ

10は　いくつと　いくつですか。

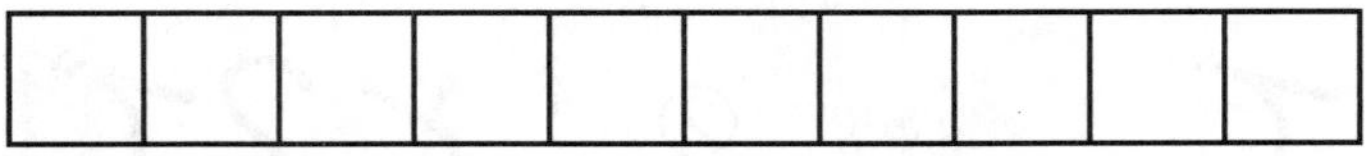

たいるが
10こ。

① 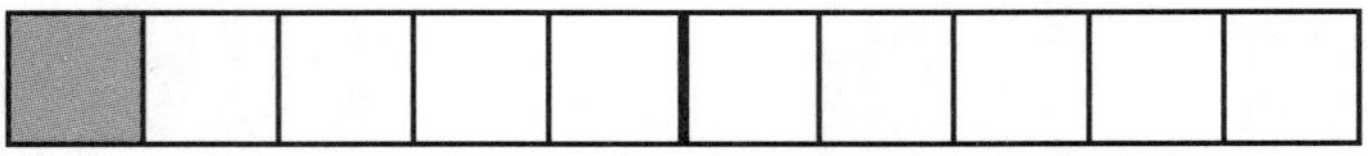 1と [　]

② 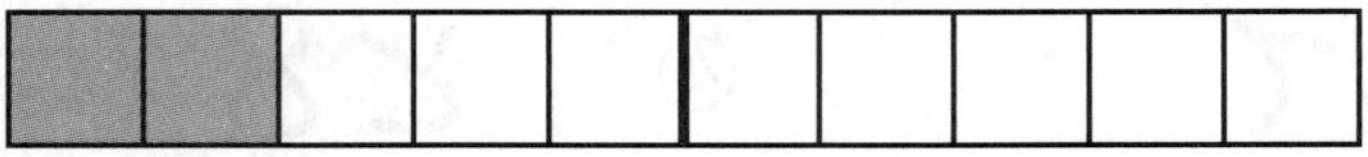 2と [　]

③ 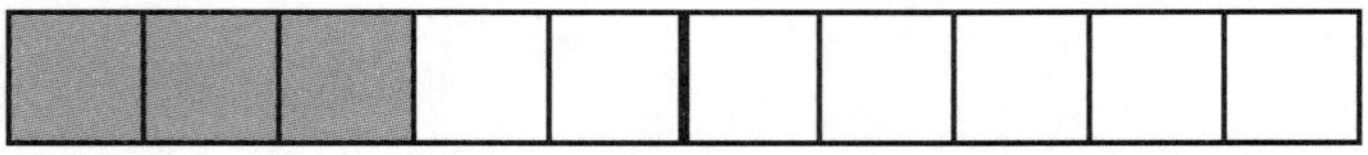 3と [　]

④ 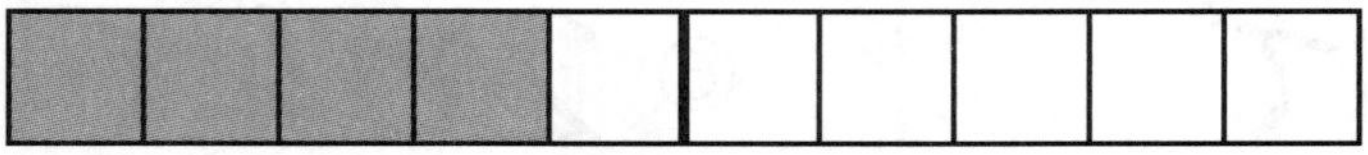 4と [　]

⑤ 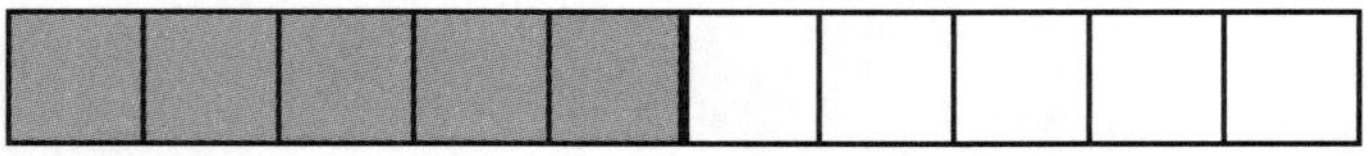 5と [　]

⑥ 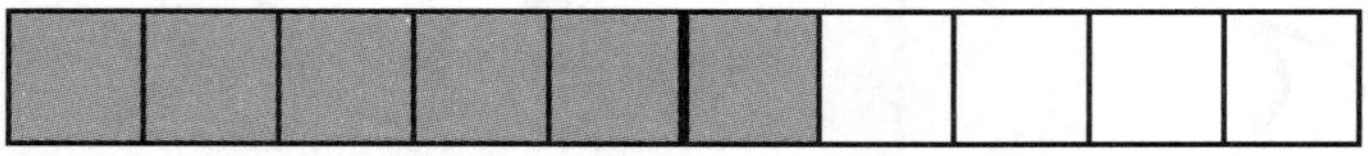 6と [　]

⑦ 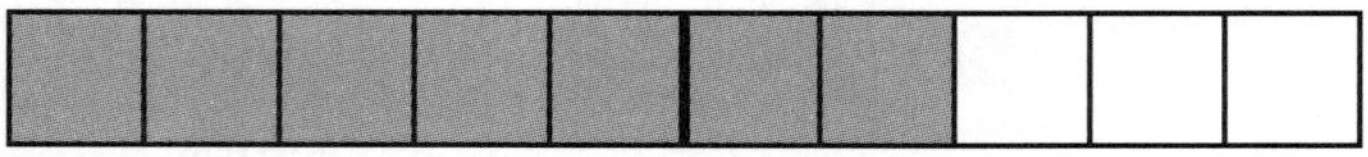 7と [　]

⑧ 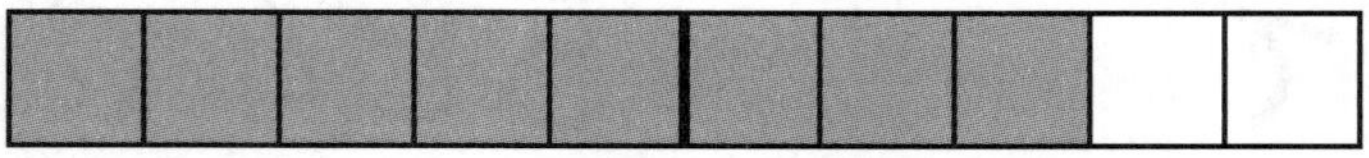 8と [　]

⑨ 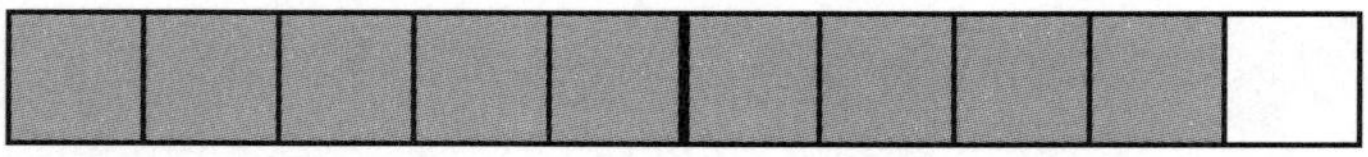 9と [　]

10は　いくつと　いくつ

10は　いくつと　いくつですか。

①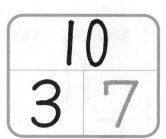

3　（7）

②

2　（8）

③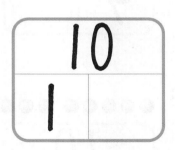

1　（ ）

④

4　（ ）

いくつと　いくつ ㉑

10は　いくつと　いくつ

🍎 10は　いくつと　いくつですか。

① ●●●●● ┊ ●●●●●

10
5　5

② ●●●●● ┊ ●●●●●

10
7

③ ●●●●● ┊ ●

10
9

④ ●●●●● ┊ ●●●

10
8

⑤ ●●●●● ┊ ●●●●

10
6

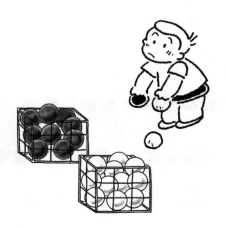

10は　いくつと　いくつ

10は　いくつと　いくつですか。

① 10 / 7　3

② 10 / 8　2

③ 10 / 　5

④ 10 / 　8

⑤ 10 / 　6

⑥ 10 / 　9

⑦ 10 / 　4

⑧ 10 / 　7

いくつと　いくつ ㉓
10を　つくる

🍎 10を　つくりましょう。

① 4　と　[6]　で　10

② 6　と　[　]　で　10

③ 3　と　[　]　で　10

④ 1　と　[　]　で　10

⑤ 5　と　[　]　で　10

⑥ 2　と　[　]　で　10

10を つくる

🍎 10を つくりましょう。

① $\boxed{1}$ と 9 で 10

② $\boxed{}$ と 2 で 10

③ $\boxed{}$ と 7 で 10

④ $\boxed{}$ と 4 で 10

⑤ $\boxed{}$ と 8 で 10

⑥ $\boxed{}$ と 5 で 10

まとめ ①
いくつと　いくつ

/50
てん

すうじを　かきましょう。

（1もん5てん／50てん）

① | 2 | 2 |

② | 4 | 1 |

③ | 5 | 3 |

④ | 6 | |
   | | 4 |

⑤ | 7 | |
   | | 3 |

⑥ | 8 | |
   | 2 | |

⑦ | 8 | |
   | 3 | |

⑧ | 9 | |
   | 4 | |

⑨ | 9 | |
   | 2 | |

⑩ | 10 | |
   | 6 | |

がつ　　にち　なまえ

まとめ ②

いくつと　いくつ

/50
てん

① あわせると　いくつに　なりますか。

（1もん5てん／25てん）

① 4 と 3 で □

② 2 と 7 で □

③ 5 と 4 で □

④ 1 と 6 で □

⑤ 3 と 5 で □

② 10に　なるように　かずを　かきましょう。

（1もん5てん／25てん）

① 6 と □ で 10

② 3 と □ で 10

③ 8 と □ で 10

④ □ と 5 で 10

⑤ □ と 1 で 10

たしざん ①
あわせて いくつ

① みかんが あります。あわせると なんこですか。

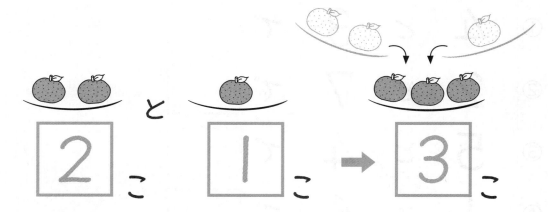

<table>
</table>

| 2 こ | と | 1 こ | → | 3 こ |

② めろんが あります。あわせると なんこですか。

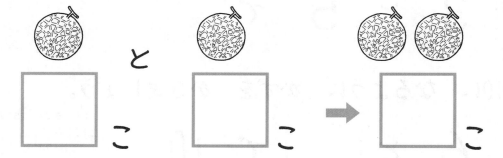

□ こ　と　□ こ　→　□ こ

③ あめが あります。あわせると なんこですか。

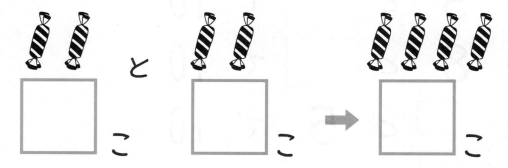

□ こ　と　□ こ　→　□ こ

たしざん ②
あわせて　いくつ

① ばななが　あります。あわせると　ぜんぶで
なんぼんに　なりますか。

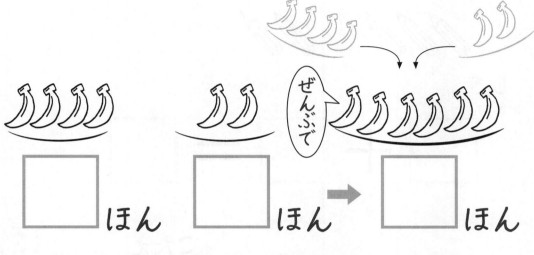

□ ほん　　□ ほん → □ ほん

● 4ほんと　2ほんを　あわせると　6ほん。

$$4 + 2 = 6$$

たす　は

こたえ　　6ほん

このような　けいさんを　たしざんと　いいます。

② なぞりましょう。

たしざん ③
あわせて　いくつ

① えんぴつが　あります。あわせると　ぜんぶで
なんぼんに　なりますか。

しき

$$\boxed{} \; + \; \boxed{} \; = \; \boxed{}$$

こたえ 　　　　　　ほん

② みかん　3こと　4こを　あわせると　ぜんぶで
なんこに　なりますか。

しき

$$\boxed{} \; + \; \boxed{} \; = \; \boxed{}$$

こたえ 　　　　　　こ

たしざん ④
あわせて　いくつ

① きんぎょすくいを　しました。ぼくは　2ひき
すくいました。おねえさんは　4ひき　すくいまし
た。ぜんぶで　なんびき　すくいましたか。

しき

こたえ　　　　　　　　　ぴき

② すずめが　にわに　5わ　います。やねに　2わ
います。ぜんぶで　なんわ　いますか。

しき

こたえ

① すずめが 3わ いました。そこへ 1わ
とんで きました。すずめは ぜんぶで なんわに
なりましたか。

しき

$$3 + 1 = 4$$

●この もんだいも
　たしざんに なります。

こたえ ＿＿＿＿＿ わ

② こうえんで 4にん あそんで いました。
　5にん あそびに きました。　みんなで
なんにんに なりましたか。

しき

こたえ ＿＿＿＿＿ にん

たしざん ⑥
ふえると　いくつ

① すいそうに　きんぎょが　6ぴき　いました。
　2ひき　いれました。ぜんぶで　なんびきに
なりましたか。

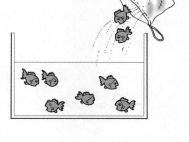

しき

こたえ　＿＿＿＿＿　ひき

② じどうしゃが　5だい　とまって　います。
　2だい　きました。ぜんぶで　なんだいに
なりましたか。

しき

こたえ　＿＿＿＿＿　だい

たしざん ⑦
ふえると いくつ

① かごに じゃがいもが 6こ はいって います。
3こ いれると ぜんぶで なんこに なりますか。

しき

こたえ _____

② おかしを 3こ もっています。5こ もらうと
ぜんぶで なんこに なりますか。

しき

こたえ _____

たしざん ⑧
ふえると　いくつ

① いちごを　きのう　6こ　たべました。きょうは
2こ　たべました。あわせて　なんこ
たべましたか。

しき

こたえ _____

② こうえんで　4にんが　あそんで　いました。
　ともだちが　4にん　きました。みんなで
なんにんに　なりましたか。

しき

こたえ _____

たしざん ⑨
10までの　たしざん

 けいさんを　しましょう。

① 1＋1＝　　　　② 1＋2＝

③ 1＋3＝　　　　④ 1＋4＝

⑤ 1＋5＝　　　　⑥ 1＋6＝

⑦ 1＋7＝　　　　⑧ 1＋8＝

⑨ 1＋9＝　　　　⑩ 2＋1＝

⑪ 2＋2＝　　　　⑫ 2＋3＝

たしざん ⑩
10までの　たしざん

 けいさんを　しましょう。

①　2＋4＝

②　2＋5＝

③　2＋6＝

④　2＋7＝

⑤　2＋8＝

⑥　3＋1＝

⑦　3＋2＝

⑧　3＋3＝

⑨　3＋4＝

⑩　3＋5＝

⑪　3＋6＝

たしざん ⑪
10までの　たしざん

 けいさんを　しましょう。

① 3＋7＝　　　② 4＋1＝

③ 4＋2＝　　　④ 4＋3＝

⑤ 4＋4＝　　　⑥ 4＋5＝

⑦ 4＋6＝　　　⑧ 5＋1＝

⑨ 5＋2＝　　　⑩ 5＋3＝

⑪ 5＋4＝

たしざん ⑫

10までの　たしざん

 けいさんを　しましょう。

① 5＋5＝

② 6＋1＝

③ 6＋2＝

④ 6＋3＝

⑤ 6＋4＝

⑥ 7＋1＝

⑦ 7＋2＝

⑧ 7＋3＝

⑨ 8＋1＝

⑩ 8＋2＝

⑪ 9＋1＝

がつ　　にち　なまえ

たしざん ⑬

10までの　たしざん

けいさんを　しましょう。

① 7＋2＝　　② 5＋3＝

③ 2＋4＝　　④ 6＋1＝

⑤ 3＋4＝　　⑥ 5＋4＝

⑦ 3＋6＝　　⑧ 2＋5＝

⑨ 4＋5＝　　⑩ 3＋2＝

⑪ 7＋3＝　　⑫ 2＋6＝

たしざん ⑭
10までの　たしざん

 けいさんを　しましょう。

① $4+3=$　　② $6+2=$

③ $2+7=$　　④ $5+2=$

⑤ $3+5=$　　⑥ $6+4=$

⑦ $6+3=$　　⑧ $4+2=$

⑨ $1+8=$　　⑩ $4+4=$

⑪ $5+5=$　　⑫ $2+3=$

たしざん ⑮
0の　たしざん

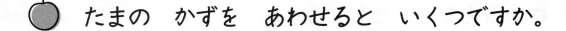 たまの　かずを　あわせると　いくつですか。

①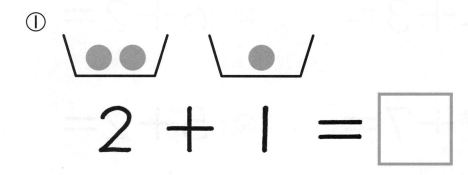

$$2 + 1 = \boxed{}$$

②

$$2 + 0 = \boxed{}$$

③

$$0 + 3 = \boxed{}$$

④

$$0 + 0 = \boxed{}$$

たしざん ⑯
0の　たしざん

けいさんを　しましょう。

① 3＋0＝

② 5＋0＝

③ 8＋0＝

④ 0＋2＝

⑤ 0＋4＝

⑥ 0＋6＝

⑦ 7＋0＝

⑧ 0＋8＝

⑨ 9＋0＝

⑩ 0＋5＝

がつ　　　にち　なまえ

10までの　たしざん

$\frac{}{50}$てん

⭐⭐
① つぎの　けいさんを　しましょう。

(1もん6てん／30てん)

① $7+2=$　　② $1+8=$

③ $9+0=$　　④ $6+4=$

⑤ $3+5=$

⭐⭐⭐
② あかい　いろがみが　5まい、あおい　いろがみが
2まい　あります。あわせて　なんまいですか。

(10てん)

しき

こたえ

⭐⭐⭐
③ こうえんに　こどもが　4にん　あそんで　いま
した。3にん　きました。あわせて　なんにんに
なりましたか。

(10てん)

しき

こたえ

がつ　　　にち　なまえ

まとめ ④
10までの たしざん

/50
てん

① つぎの けいさんを しましょう。 （1もん6てん／30てん）

① $2+4=$　　② $0+7=$

③ $5+5=$　　④ $8+1=$

⑤ $6+3=$

② いちごを わたしが 4こ、いもうとが 6こ
たべました。あわせて なんこ たべましたか。 （10てん）

しき

こたえ _____

③ バスに 5にん のっています。4にん のって
きました。バスには なんにん のっていますか。

（10てん）

しき

こたえ _____

ひきざん ①
のこりは いくつ

① きんぎょが 4ひき います。1ぴき すくうと
のこりは なんびきですか。

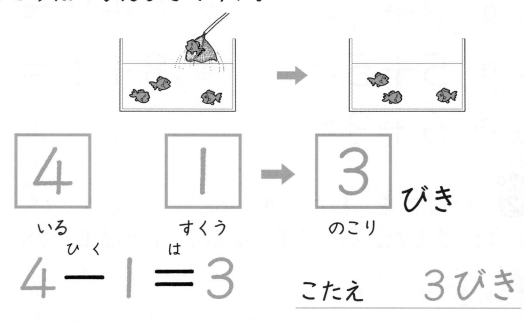

4	1	→	3	びき

いる　　　　すくう　　　　のこり

$$4 - 1 = 3$$

ひく　　は

こたえ　　3びき

このような けいさんを ひきざんと いいます。

② りんごが 2こ あります。1こ たべると
のこりは なんこですか。

しき

$$2 - \boxed{} = \boxed{}$$

ある　　　たべた　　　のこり

こたえ　　1こ

ひきざん ②
のこりは　いくつ

① くるまが　3だい　あります。2だい　でていき
ました。のこりは　なんだいですか。

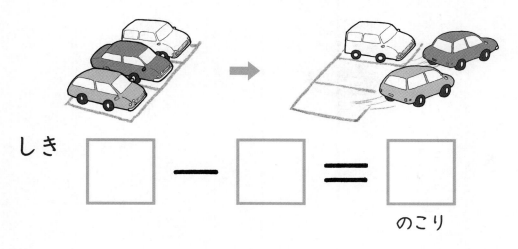

しき

⬜ ━ ⬜ ＝ ⬜
　　　　　　　　　　　　　　　　のこり

こたえ _____

② すずめが　5わ　とまって　いました。　3わ
とんで　いきました。のこりは　なんわですか。

しき

⬜ ━ ⬜ ＝ ⬜
　　　　　　　　　　　　　　　　のこり

こたえ _____

ひきざん ③
のこりは　いくつ

① はなを　5ほん　つみました。
3ぼん　あげました。のこりは　なんぼんですか。

しき

こたえ _____

② ふうせんが　6こ　ありました。2こ　とんで
いきました。のこりは　なんこですか。

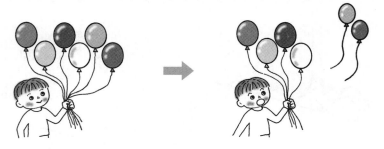

しき

こたえ _____

ひきざん④
のこりは いくつ

① 7にんが こうえんで あそんで いました。
　そのうち 4にん かえりました。なんにんに
なりましたか。

しき

こたえ _____

② おりがみが 8まい ありました。5まい
つかうと のこりは なんまいですか。

しき

こたえ _____

がつ　　にち　なまえ

ひきざん ⑤
ちがいは いくつ

① にわとりが　さくの　なかに　4わ　います。
そとに　3わ　います。ちがいは　なんわですか。

しき　$4 - 3 = 1$

こたえ _____

● ちがいを　だす　ときも　ひきざんを　します。

② まるい　おさらが　5まい、しかくい　おさらが
4まい　あります。ちがいは　なんまいですか。

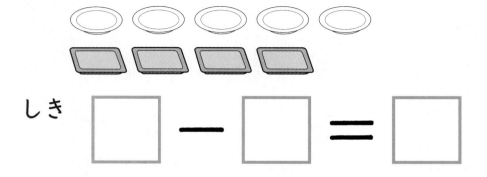

しき　□ － □ ＝ □

こたえ _____

ひきざん ⑥
ちがいは　いくつ

① しろい　ふうせんが　9こ、あかい　ふうせんが
5こ　あります。しろい　ふうせんが　なんこ
おおいですか。

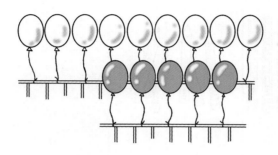

しき

こたえ _____

② かきが　8こ、なしが　6こ　あります。
かきは　なしより　なんこ　おおいですか。

しき

こたえ _____

ひきざん ⑦
ちがいは　いくつ

① あたらしい　えんぴつが　10ぽん　あります。
けずった　えんぴつが　6ぽん　あります。
ちがいは　なんぼんですか。

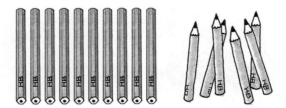

しき

こたえ _____

② いぬが　7ひき　います。ねこが　3びき
います。ちがいは　なんびきですか。

しき

こたえ _____

ひきざん ⑧
ちがいは　いくつ

① にわとりの　たまごが　8こ　あります。
うずらの　たまごが　10こ　あります。
ちがいは　なんこですか。

しき

こたえ _____

② みかんが　6こ　あります。いちごが　7こ
あります。みかんの　かずと　いちごの　かずの
ちがいは　なんこですか。

しき

こたえ _____

ひきざん ⑨
10までの　ひきざん

🍎 けいさんを　しましょう。

① 2－1＝

② 3－1＝

③ 3－2＝

④ 4－1＝

⑤ 4－2＝

⑥ 4－3＝

⑦ 5－1＝

⑧ 5－2＝

⑨ 5－3＝

⑩ 5－4＝

⑪ 6－1＝

⑫ 6－2＝

ひきざん ⑩
10までの　ひきざん

 けいさんを　しましょう。

① $6-3=$　　② $6-4=$

③ $6-5=$　　④ $7-1=$

⑤ $7-2=$　　⑥ $7-3=$

⑦ $7-4=$　　⑧ $7-5=$

⑨ $7-6=$　　⑩ $8-1=$

⑪ $8-2=$

ひきざん ⑪
10までの　ひきざん

 けいさんを　しましょう。

① $8 - 3 =$ 　　② $8 - 4 =$

③ $8 - 5 =$ 　　④ $8 - 6 =$

⑤ $8 - 7 =$ 　　⑥ $9 - 1 =$

⑦ $9 - 2 =$ 　　⑧ $9 - 3 =$

⑨ $9 - 4 =$ 　　⑩ $9 - 5 =$

⑪ $9 - 6 =$

ひきざん ⑫
10までの　ひきざん

けいさんを　しましょう。

① 9－7＝

② 9－8＝

③ 10－1＝

④ 10－2＝

⑤ 10－3＝

⑥ 10－4＝

⑦ 10－5＝

⑧ 10－6＝

⑨ 10－7＝

⑩ 10－8＝

⑪ 10－9＝

ひきざん ⑬
10までの　ひきざん

 けいさんを　しましょう。

① $5 - 2 =$ ② $8 - 5 =$

③ $10 - 7 =$ ④ $9 - 4 =$

⑤ $8 - 2 =$ ⑥ $9 - 6 =$

⑦ $6 - 3 =$ ⑧ $9 - 2 =$

⑨ $7 - 4 =$ ⑩ $10 - 6 =$

⑪ $7 - 2 =$ ⑫ $8 - 6 =$

ひきざん ⑭
10までの ひきざん

けいさんを　しましょう。

① 4−2=

② 7−3=

③ 6−4=

④ 9−5=

⑤ 8−4=

⑥ 9−7=

⑦ 5−3=

⑧ 9−3=

⑨ 6−2=

⑩ 7−5=

⑪ 9−2=

⑫ 10−8=

ひきざん ⑮
0の　ひきざん

きんぎょが　2ひき　います。
すくうと　のこりは　なんびきに　なりますか。

①

1ぴき　すくう。

$$2 - 1 = \boxed{}$$

②

2ひき　すくう。

$$2 - 2 = \boxed{}$$

③

あっ、すくえない。

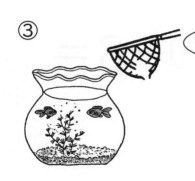

$$2 - 0 = \boxed{}$$

ひきざん ⑯
0の　ひきざん

 けいさんを　しましょう。

① 1－0＝

② 9－0＝

③ 4－0＝

④ 3－0＝

⑤ 8－0＝

⑥ 2－0＝

⑦ 6－0＝

⑧ 7－0＝

⑨ 5－0＝

⑩ 0－0＝

がつ　　にち　なまえ

まとめ ⑤
10までの ひきざん

/50
てん

① つぎの けいさんを しましょう。

（1もん6てん／30てん）

① 8－3＝

② 10－4＝

③ 9－4＝

④ 6－2＝

⑤ 3－0＝

② みかんが 7こ あります。3こ たべました。
のこりは なんこに なりましたか。

（10てん）

しき

こたえ

③ いぬが 10ぴき、ねこが 7ひき います。
どちらが なんびき おおいですか。

（10てん）

しき

こたえ

まとめ ⑥
10までの ひきざん

/50
てん

① つぎの けいさんを しましょう。　　（1もん6てん／30てん）

① 7−4＝

② 8−2＝

③ 10−7＝

④ 6−0＝

⑤ 9−5＝

② あかい はなが 6ぽん、しろい はなが 3ぼん
あります。どちらが なんぼん おおいですか。　（10てん）

しき

こたえ

③ ふうせんが 5こ ありました。2こ とんで
いきました。ふうせんは なんこ のこって いますか。

（10てん）

しき

こたえ

おおきい　かず ①
10より　おおきい　かず

なんこ　ありますか。
 に　かずを　かきましょう。

①

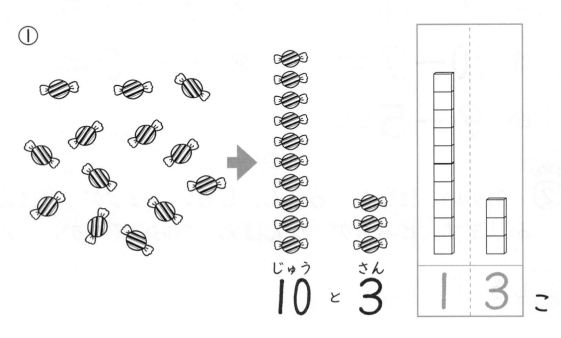

じゅう　　　さん
10 と 3

| 1 | 3 |こ

②

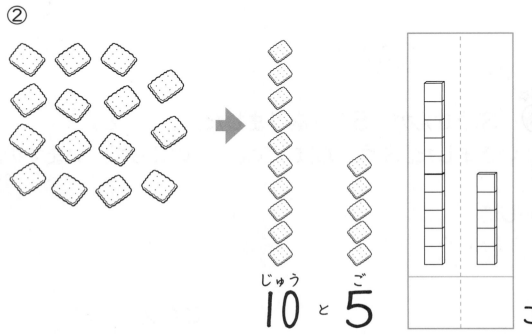

じゅう　　　ご
10 と 5

こ

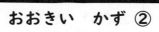

おおきい　かず ②
10より　おおきい　かず

🍎　たいるを　すうじに　かえて、▭の　なかに
かずを　かきましょう。

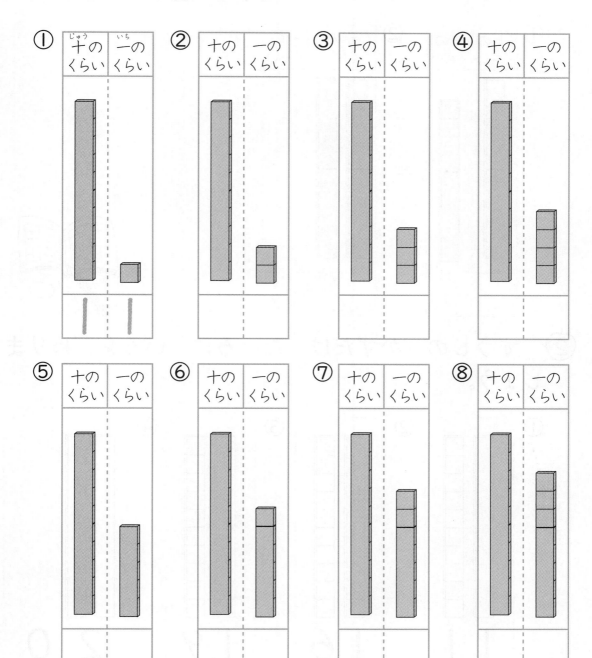

おおきい　かず ③
10より　おおきい　かず

① たいるを　すうじに　かえて、▢の　なかに
かずを　かきましょう。

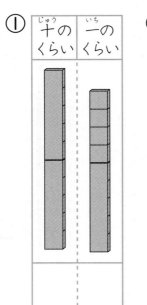

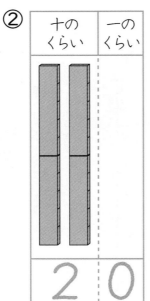

② すうじの　かずだけ　たいるに　いろを　ぬりま
しょう。

① 1 1

② 1 6

③ 1 9

④ 2 0

おおきい　かず④
10より　おおきい　かず

 □に　かずを　かきましょう。

① 10　と　2　で □

② 10　と　8　で □

③ 10　と　5　で □

④ 10　と　3　で □

⑤ 10　と　9　で □

⑥ 10　と　4　で □

⑦ 10　と　7　で □

⑧ 10　と　1　で □

⑨ 10　と　10　で □

たしざん⑰
くりあがりの　ある　たしざん

まなさんは　どんぐりを　9こ　ひろいました。
また　4こ　ひろいました。どんぐりは、ぜんぶで
なんこに　なりましたか。

① なにざんに　なりますか。しきを　かきましょう。

$$9 \qquad 4$$

② けいさんの　しかたを　かんがえましょう。

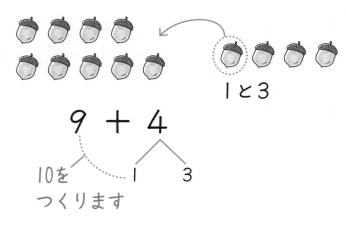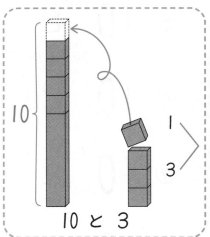

1と3

9 ＋ 4

10を　　1　3
つくります

10 と 3

③ しきを　なぞり、こたえを　かきましょう。

$$9 ＋ 4 ＝ 13$$

こたえ　　　　　　　こ

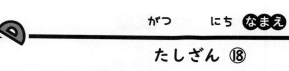

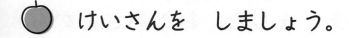

たしざん ⑱
くりあがりの ある たしざん

けいさんを しましょう。

① $9+3=$ 　□
10 ⌒ 1 ⌒ 2

● 3を 1と 2に します。
● 9と 1で 10。
● 10と 2で 12。

② $9+5=$ 　□
10 ⌒ 1 ⌒ 4

● 5を □ と □ に します。
● □ と □ で 10。
● 10と 4で 14。

③ $9+6=$ 　□
10 ⌒ 1 ⌒ 5

④ $9+7=$ 　□
10 ⌒ 1 ⌒ 6

⑤ $9+8=$ 　□
10 ⌒ 1 ⌒ 7

たしざん ⑲
くりあがりの　ある　たしざん

みかんが　8こ　ありました。おかあさんから　6こ　もらいました。あわせて　なんこに　なりましたか。

たす

① しきを　なぞりましょう。

8 ＋ 6

② けいさんの　しかたを　かんがえましょう。

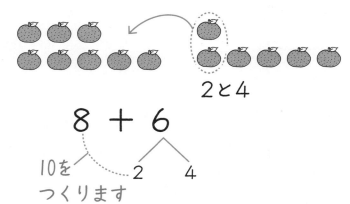

2と4

8 ＋ 6

10を
つくります　　2　　4

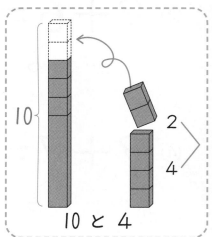

10

10 と 4

③ しきと　こたえを　かきましょう。

しき

こたえ　　　　　　　こ

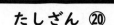
たしざん ⑳

くりあがりの　ある　たしざん

 けいさんを　しましょう。

① $8 + 3 =$ □

10　2　1

● 3を　2と　1に　します。
● 8と　2で　10。
● 10と　1で　11。

② $8 + 4 =$ □

10　2　2

● 4を　□と　□に　します。
● □と　□で　10。
● 10と　2で　12。

③ $8 + 5 =$ □

10　2　3

④ $8 + 7 =$ □

10　2　5

⑤ $8 + 8 =$ □

10　2　6

たしざん ㉑
くりあがりの ある たしざん

あかい　はなが　7ほんと、しろい　はなが
5ほん　あります。はなは　ぜんぶで　なんぼんです
か。

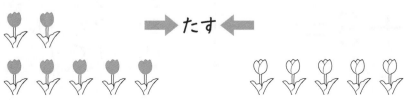

➡たす⬅

① しきを　なぞりましょう。

7＋5

② けいさんの　しかたを　かんがえましょう。

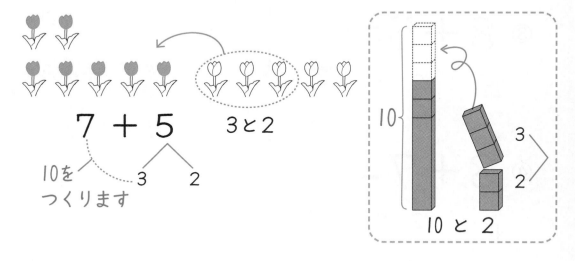

$7 + 5$

3と2

10を
つくります　3　2

10と2

③ しきと　こたえを　かきましょう。

しき

こたえ　　　　　ほん

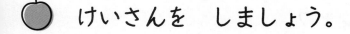

たしざん ㉒
くりあがりの　ある　たしざん

けいさんを　しましょう。

① $7+4=$ □

10　3　1

● 4を □ と □ に します。

● □ と □ で　10。

● 10と　1で　11。

② $7+6=$ □

10　3　3

③ $7+7=$ □

10　3　4

④ $7+8=$ □

10　3　5

⑤ $7+9=$ □

10　3　6

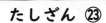

たしざん ㉓

くりあがりの　ある　たしざん

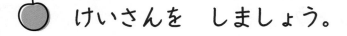

けいさんを　しましょう。

① $8+9=$　　　② $6+5=$

③ $4+9=$　　　④ $8+7=$

⑤ $5+6=$　　　⑥ $6+7=$

⑦ $8+5=$　　　⑧ $7+9=$

⑨ $8+3=$　　　⑩ $4+7=$

⑪ $9+6=$　　　⑫ $7+8=$

⑬ $5+9=$　　　⑭ $9+4=$

⑮ $6+8=$　　　⑯ $3+9=$

たしざん ㉔
くりあがりの　ある　たしざん

けいさんを　しましょう。

① $3+8=$　　② $9+2=$

③ $7+4=$　　④ $9+3=$

⑤ $7+7=$　　⑥ $7+5=$

⑦ $8+4=$　　⑧ $5+8=$

⑨ $5+7=$　　⑩ $9+9=$

⑪ $7+6=$　　⑫ $9+5=$

⑬ $6+6=$　　⑭ $8+6=$

⑮ $9+7=$　　⑯ $8+8=$

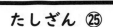
たしざん ㉕
くりあがりの　ある　たしざん

 けいさんを　しましょう。

① 8＋3＝　　　　② 4＋7＝

③ 6＋6＝　　　　④ 3＋9＝

⑤ 8＋6＝　　　　⑥ 9＋8＝

⑦ 2＋9＝　　　　⑧ 4＋8＝

⑨ 9＋9＝　　　　⑩ 7＋8＝

⑪ 6＋9＝　　　　⑫ 7＋6＝

⑬ 5＋9＝　　　　⑭ 8＋8＝

⑮ 6＋8＝　　　　⑯ 9＋7＝

たしざん㉖

くりあがりの　ある　たしざん

① こどもが　8にん　います。そこに　4にん
きました。みんなで　なんにんに　なりましたか。

しき

こたえ

② ほんだなに　えほんが　7さつ、まんがが
6さつ　あります。あわせて　なんさつですか。

しき

こたえ

③ えを　みて　7＋4の　しきに　なる　もんだい
を　つくりましょう。

がつ　　にち　**なまえ**

まとめ ⑦
くりあがりの　ある　たしざん
/50てん

① つぎの　けいさんを　しましょう。
(1もん6てん／30てん)

① $8+6=$ ② $5+7=$

③ $9+4=$ ④ $8+9=$

⑤ $7+6=$

② おりがみを　わたしが　6まい、いもうとが
7まい　もっています。あわせて　なんまいですか。
(10てん)

しき

こたえ

③ きょうしつに　9にん　います。3にん　はいって
きました。きょうしつに　なんにん　いますか。
(10てん)

しき

こたえ

がつ　　　にち　**なまえ**

まとめ⑧

くりあがりの　ある　たしざん /50てん

① つぎの　けいさんを　しましょう。　　　　（1もん6てん／30てん）

① 4＋8＝　　　　② 5＋7＝

③ 9＋9＝　　　　④ 6＋9＝

⑤ 8＋7＝

② りんごが　7こ　あります。4こ　かって　くると
りんごは　ぜんぶで　なんこに　なりますか。　　（10てん）

しき

こたえ _____

③ くりあがりの　ある　たしざんに　○を　つけましょ
う。　　　　　　　　　　　　　　　　　（○1つ5てん／10てん）

① （ ）6＋3　　　② （ ）7＋8

③ （ ）8＋1　　　④ （ ）3＋4

⑤ （ ）2＋9　　　⑥ （ ）5＋3

ひきざん ⑰
くりさがりの　ある　ひきざん

ゆうとさんは　くりを　16こ　ひろいました。
おとうとに　9こ　あげました。くりは　なんこ
のこって　いますか。

→ 9こ　あげる

① しきを　かきましょう。

16　9

たしざんかな、
ひきざんかな？

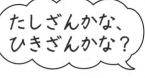

② けいさんの　しかたを　かんがえましょう。

16 − 9
 ／＼
9   1

あげる

9こ
あげます

のこりの
1と　6を
あわせると

7

6から　9は　ひけません。
10から　9を　ひいて　1。
1と　6を　あわせて　7。

③ しきを　なぞり、こたえを　かきましょう。

16 − 9 = 7

こたえ　　　　　　　こ

ひきざん ⑱
くりさがりの　ある　ひきざん

 けいさんを　しましょう。

① $13 - 9 =$ ☐
9と1

- 3から　9は　ひけません。
- 10ひく　9は　1。
- 1と　3で　4。

② $14 - 9 =$ ☐
9と1

- 4から　9は　ひけません。
- 10ひく　9は　1。
- 1と　4で　☐。

③ $15 - 9 =$ ☐
9と1

④ $17 - 9 =$ ☐
9と1

⑤ $18 - 9 =$ ☐
9と1

ひきざん ⑲
くりさがりの　ある　ひきざん

えんぴつが　17ほん　あります。8ほん　けずる
と、けずって　いない　えんぴつは　なんぼんに
なりますか。

① しきを　なぞりましょう。

$$17 - 8$$

② けいさんの　しかたを　かんがえましょう。

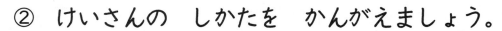

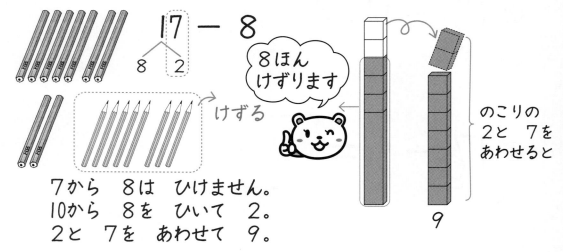

17 － 8

8　2

8ほん
けずります

けずる

のこりの
2と　7を
あわせると

9

7から　8は　ひけません。
10から　8を　ひいて　2。
2と　7を　あわせて　9。

③ しきと　こたえを　かきましょう。

しき

こたえ　　　　　　ほん

112

ひきざん ⑳
くりさがりの　ある　ひきざん

🍎 けいさんを　しましょう。

① $11 - 8 =$ ☐
8 と 2

- 1から　8は　ひけません。
- 10ひく　8は　2。
- 2と　1で　3。

② $12 - 8 =$ ☐
8 と 2

- ☐から　8は　ひけません。
- 10ひく　8は　2。
- 2と　☐　で　☐。

③ $13 - 8 =$ ☐
8 と 2

④ $14 - 8 =$ ☐
8 と 2

⑤ $15 - 8 =$ ☐
8 と 2

ひきざん ㉑
くりさがりの　ある　ひきざん

🍎 りんごが　14こ　あります。となりの　うちに
7こ　あげました。なんこ　のこって　いますか。

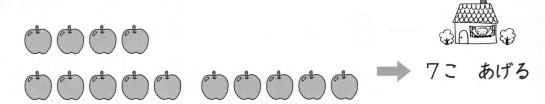

7こ　あげる

① しきを　なぞりましょう。

14 − 7

② けいさんの　しかたを　かんがえましょう。

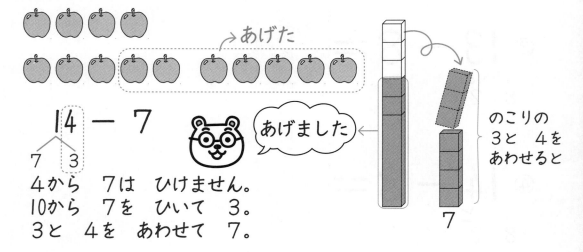

→あげた

14 − 7
7　3
あげました

4から　7は　ひけません。
10から　7を　ひいて　3。
3と　4を　あわせて　7。

のこりの
3と　4を
あわせると

7

③ しきと　こたえを　かきましょう。

しき

こたえ　　　　　　こ

ひきざん㉒
くりさがりの　ある　ひきざん

けいさんを　しましょう。

① $11 - 7 = \boxed{}$

7と3

- 1から　7は　ひけません。
- 10ひく　7は　3。
- 3と　1で　4。

② $12 - 7 = \boxed{}$

7と3

- $\boxed{}$ から　7は　ひけません。
- 10ひく　7は　3。
- 3と　$\boxed{}$ で　$\boxed{}$ 。

③ $13 - 7 = \boxed{}$

7と3

④ $15 - 7 = \boxed{}$

7と3

⑤ $16 - 7 = \boxed{}$

7と3

ひきざん ㉓
くりさがりの　ある　ひきざん

 けいさんを　しましょう。

① $11 - 7 =$　　② $14 - 5 =$

③ $13 - 6 =$　　④ $12 - 3 =$

⑤ $13 - 7 =$　　⑥ $11 - 9 =$

⑦ $15 - 8 =$　　⑧ $12 - 6 =$

⑨ $15 - 7 =$　　⑩ $12 - 8 =$

⑪ $17 - 9 =$　　⑫ $14 - 6 =$

⑬ $12 - 4 =$　　⑭ $14 - 9 =$

⑮ $13 - 8 =$　　⑯ $11 - 4 =$

ひきざん ㉔
くりさがりの　ある　ひきざん

 けいさんを　しましょう。

① 18－9＝　　　　② 11－8＝

③ 12－5＝　　　　④ 15－9＝

⑤ 16－8＝　　　　⑥ 11－2＝

⑦ 13－9＝　　　　⑧ 11－5＝

⑨ 12－7＝　　　　⑩ 15－6＝

⑪ 16－7＝　　　　⑫ 13－5＝

⑬ 11－3＝　　　　⑭ 13－4＝

⑮ 12－9＝　　　　⑯ 14－7＝

くりさがりの　ある　ひきざん

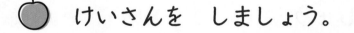 けいさんを　しましょう。

① $11 - 8 =$　　　② $12 - 5 =$

③ $11 - 7 =$　　　④ $13 - 8 =$

⑤ $14 - 7 =$　　　⑥ $15 - 9 =$

⑦ $12 - 4 =$　　　⑧ $15 - 7 =$

⑨ $17 - 8 =$　　　⑩ $12 - 9 =$

⑪ $14 - 5 =$　　　⑫ $11 - 2 =$

⑬ $13 - 6 =$　　　⑭ $14 - 9 =$

⑮ $16 - 8 =$　　　⑯ $11 - 3 =$

ひきざん㉖
くりさがりの　ある　ひきざん

① おとなが　15にん、こどもが　7にん　います。
ちがいは　なんにんですか。

しき

こたえ _____

② あめが　11こ　あります。2こ　たべました。
のこりは　なんこに　なりましたか。

しき

こたえ _____

③ えを　みて　12－8の　しきに　なる　もんだい
を　つくりましょう。

がつ　　にち　なまえ

まとめ ⑨

くりさがりの ある ひきざん /50てん

① つぎの けいさんを しましょう。

（1もん6てん／30てん）

① 13−5＝　　② 18−9＝

③ 15−8＝　　④ 12−7＝

⑤ 14−6＝

② こうえんに こどもが 12にん います。4にん かえりました。のこりは なんにんに なりましたか。

（10てん）

しき

こたえ _____

③ いぬが 14ひき、ねこが 8ひき います。
ちがいは なんびきですか。

（10てん）

しき

こたえ _____

がつ　　にち　**なまえ**

まとめ ⑩
くりさがりの　ある　ひきざん /50てん

⭐⭐
① つぎの　けいさんを　しましょう。　　　　　（1もん6てん／30てん）

① $11-6=$　　　　② $17-8=$

③ $18-9=$　　　　④ $12-7=$

⑤ $16-8=$

⭐⭐⭐
② おりがみを　15まい　もっています。6まい
つかうと　のこりは　なんまいですか。　　　（10てん）

しき

こたえ _____

⭐
③ くりさがりの　ある　ひきざんに　○を　つけましょ
う。　　　　　　　　　　　　　　　　　　　　（○1つ5てん／10てん）

① （　）$9-5$　　　　② （　）$11-5$

③ （　）$12-7$　　　　④ （　）$9-2$

⑤ （　）$19-3$　　　　⑥ （　）$17-6$

ひろさ・かさ・ながさ ①
ひろさくらべ

どちらが　ひろいですか。（　）に　○を　つけましょう。

①

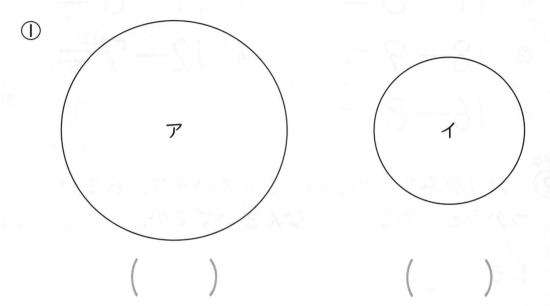

ア

イ

（　　）

（　　）

②

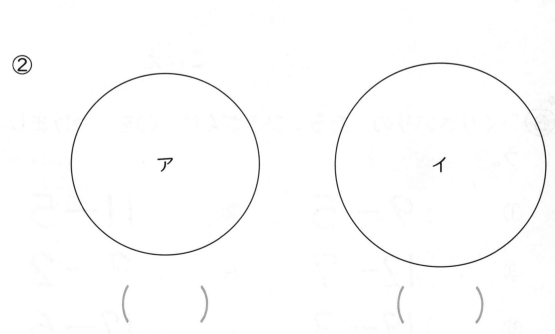

ア

イ

（　　）

（　　）

ひろさ・かさ・ながさ ②
ひろさくらべ

どちらが　ひろいですか。（　　）に　○を　つけま
しょう。

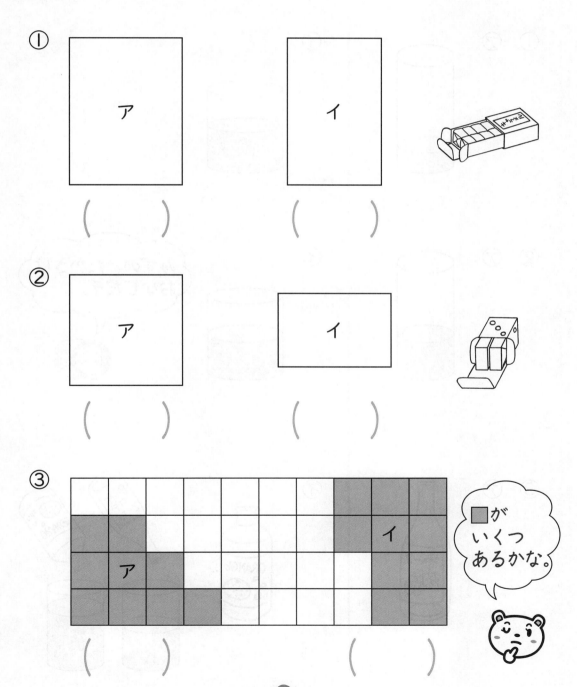

① ア　　イ

（　　）　　（　　）

② ア　　イ

（　　）　　（　　）

③ ア　　イ

■が
いくつ
あるかな。

（　　）　　　　（　　）

ひろさ・かさ・ながさ ③
かさくらべ

🍎 どちらの　かさが　おおいですか。
　　（　）に　〇を　つけましょう。

① ⑦　　　　　　　　⑦

（　　　）　　　　　　（　　　）

② ⑦　　　　　　　　⑦

みずの　たかさは
おなじだぞ。

（　　　）　　　　　　（　　　）

③ ⑦　　　　　　　　⑦

ジュース

ORANGE
1.5ℓ

（　　　）　　　　　　（　　　）

ひろさ・かさ・ながさ ④
かさくらべ

おなじ　おおきさの　コップを　つかって、みず
の　かさを　くらべました。おおい　ほうに　〇を
つけましょう。

①

㋐ (　　　)

㋑ (　　　)

②

㋐ (　　　)　　　　　　で　5はい

㋑ (　　　)　　　　　　で　8はい

ひろさ・かさ・ながさ ⑤
ながさくらべ

① どちらが　ながいですか。ながい　ほうに　○を
つけましょう。

① ほうき

あ　　　　い

（　　）　（　　）

② ひも

あ（　　）

い（　　）

ひもを　ぴんと
ひっぱってね。

② どちらが　ながいか、テープで　はかりました。
ながい　ほうに　○を　つけましょう。

① ほんの　たてと　よこ

あ（　　）

い（　　）

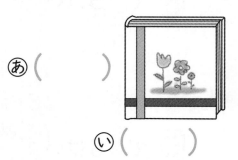

テープの　ながさ

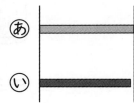

あ

い

ひろさ・かさ・ながさ ⑥
ながさくらべ

① カードを　つかって、ながさくらべを　しました。
ながい　ほうに　○を　つけましょう。

① ペンと　えんぴつ

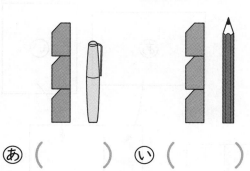

あ（　　　）　い（　　　）

② えほんの　たてと　よこ

あ たて
　（　　　）

い よこ
　（　　　）

② ますめ　いくつぶんの　ながさですか。

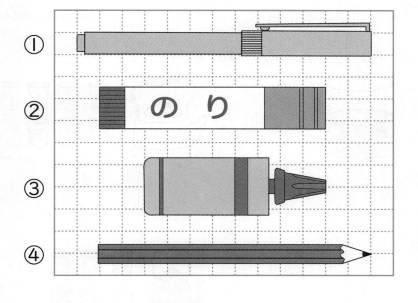

① （　　　）

② （　　　）

③ （　　　）

④ （　　　）

がつ　　にち　なまえ

まとめ ⑪
ひろさ・かさ・ながさ

/50 てん

① どちらが ひろいですか。ひろい ほうに ○を つけましょう。

（1もん10てん／30てん）

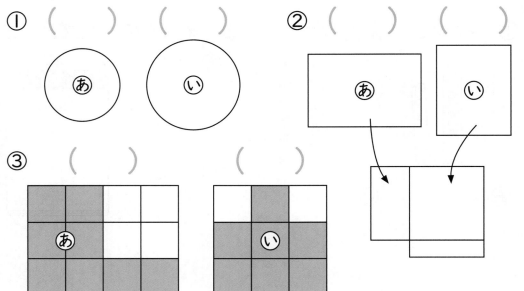

① （　　）　　（　　）

② （　　）　　（　　）

③ （　　）　　（　　）

② どちらが おおいですか。おおい ほうに ○を つけましょう。

（1もん10てん／20てん）

① あ　　　　い

（　　）　　（　　）

② あ （　　）

い （　　）

まとめ ⑫
ひろさ・かさ・ながさ

/50てん

⭐①　どちらが　ながいですか。ながい　ほうに　○を
つけましょう。

（1もん10てん／30てん）

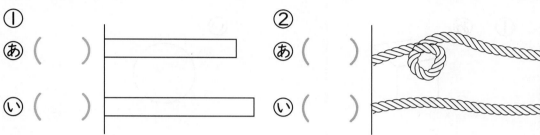

①
あ（　）
い（　）

②
あ（　）
い（　）

③　きの　みきの　まわり

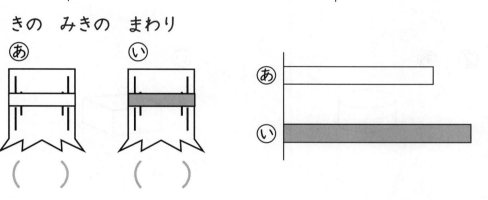

あ　い
（　）　（　）

あ
い

⭐②　ながい　じゅんに　きごうを　かきましょう。（20てん）

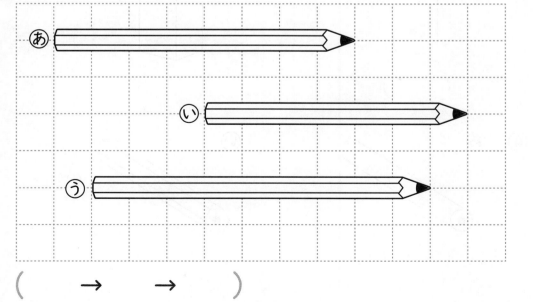

あ
い
う

（　　→　　→　　）

がつ　　にち　なまえ

かたち ①

いろいろな　かたち

どちらが　よく　ころがりますか。
よく　ころがる　ものに　○を　つけましょう。

①　あ

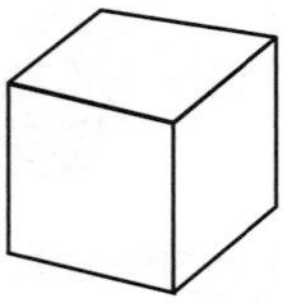

（　　）

い

（　　）

②　あ

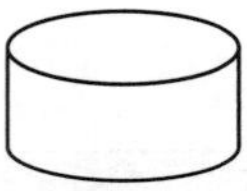

（　　）

い

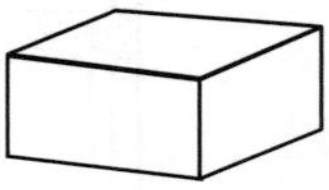

（　　）

③　あ

（　　）

い

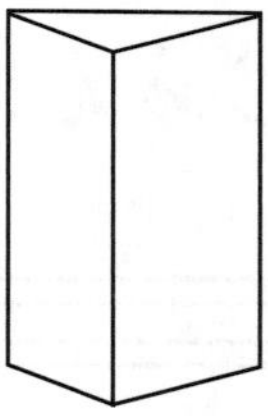

（　　）

④　あ

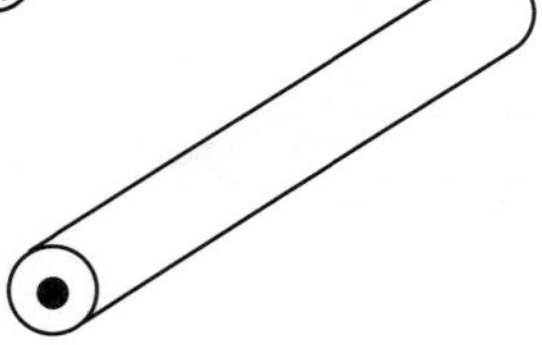

（　　）

い

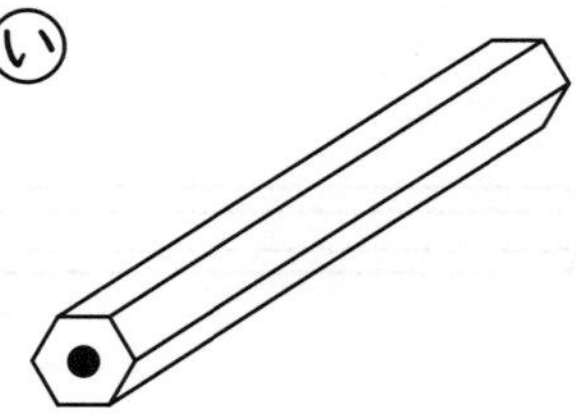

（　　）

かたち ②
いろいろな　かたち

① したの　だんの　かたちと　おなじ　なかまの
かたちを、せんで　むすびましょう。

㋐　　　　　　㋑　　　　　　㋒　　　　　　㋓

①　　　　　　　②　　　　　　　③

② の　かたちの　なかまを、それぞれ
なんこ　つかって　いますか。

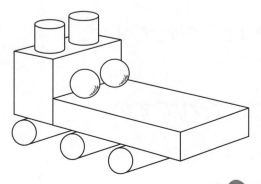

① （　　　　　）こ

② （　　　　　）こ

③ （　　　　　）こ

なんばんめ ①
どこかな

① じろうさんは
まえから
3ばんめです。

① じろうさんの　まえには、　　（　ふたり　）
　 なんにん　いますか。

② じろうさんの　うしろには、　（　　　　　）
　 なんにん　いますか。

③ じろうさんは、うしろから　　（　　　　　）
　 なんばんめ　ですか。

② えを　みて　こたえましょう。

　　　① たろうさんの　ひだり
　　　　は、だれですか。

　　　　　　　　（　　　　　）

　　　② たろうさんの　うしろ
　　　　は、だれですか。

　　　　　　　　（　　　　　）

③ じろうさんの　みぎは、だれですか。

　　　　　　　　（　　　　　）

④ かなさんの　まえは、だれですか。

　　　　　　　　（　　　　　）

なんばんめ ②
まえから　うしろから

あてはまる　ところを　○で　かこみましょう。

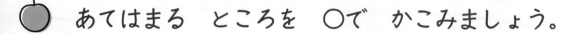

まえ　　　　　　　　　　　　　　　　　　　　　　　　うしろ

① まえから
　4にん

② まえから
　4にんめ

③ うしろから
　3にん

④ うしろから
　5にんめ

ひだり　　　　　　　　　　　　　　　　　　　　　みぎ

⑤ みぎから
　3こ

⑥ ひだりから
　3こめ

たしざん・ひきざん ①
３つの　かずの　けいさん

かえるが
４ひき　いました。

２ひき
きました。

また
１ぴき
きました。

みんなで　なんびきに　なりましたか。

$$4+2+1=7$$

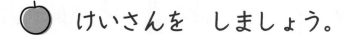

6

7

こたえ　　７ひき

🍎 けいさんを　しましょう。

① ３＋２＋２＝　　　　② ４＋１＋３＝

③ ２＋３＋４＝　　　　④ １＋４＋２＝

⑤ ４＋６＋５＝　　　　⑥ ３＋７＋２＝

⑦ ５＋５＋４＝　　　　⑧ ２＋８＋３＝

たしざん・ひきざん ②
3つの　かずの　けいさん

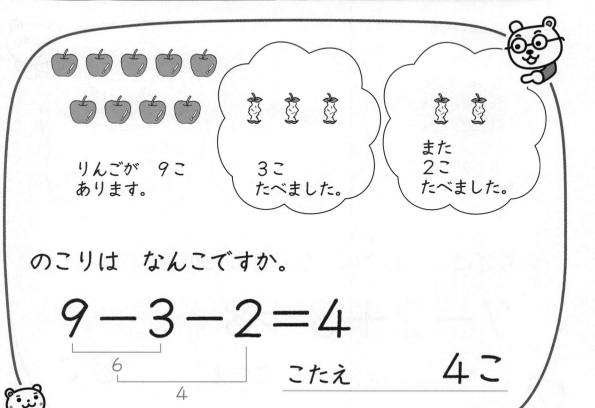

りんごが　9こ
あります。

3こ
たべました。

また
2こ
たべました。

のこりは　なんこですか。

$$9-3-2=4$$

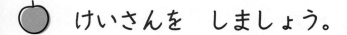

6

4

こたえ　　4こ

けいさんを　しましょう。

① $5-3-1=$ 　　② $6-2-1=$

③ $7-4-2=$ 　　④ $8-3-2=$

⑤ $10-2-3=$ 　　⑥ $10-4-2=$

⑦ $10-6-3=$ 　　⑧ $10-1-4=$

たしざん・ひきざん ③
3つの　かずの　けいさん

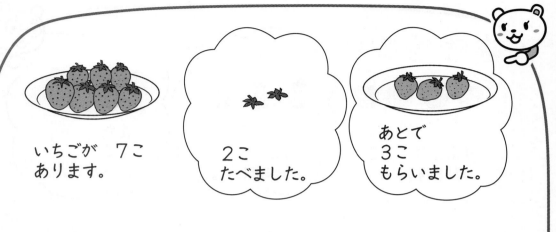

いちごが　7こ
あります。

2こ
たべました。

あとで
3こ
もらいました。

いちごは　なんこに　なりましたか。

$$7-2+3=8$$

5
8

こたえ　　　　8こ

けいさんを　しましょう。

① $8-2+3=$　　② $9-4+2=$

③ $5-1+6=$　　④ $7-1+4=$

⑤ $7+3-2=$　　⑥ $5+5-3=$

⑦ $6+4-5=$　　⑧ $3+7-1=$

たしざん・ひきざん ④
３つの　かずの　けいさん

① とりが　5わ　います。3わ　とんで　きました。
　2わ　とんで　いきました。いま　とりは
なんわ　いますか。

しき

こたえ _____

② バスに　7にん　のっています。
　3にん　おりました。5にん　のってきました。
　いま　バスに　なんにん　のって　いますか。

しき

こたえ _____

③ あめが　10こ　あります。2こ　たべました。
　また　3こ　たべました。あめは　なんこ
のこって　いますか。

しき

こたえ _____

がつ　　にち　なまえ

まとめ ⑬
3つの　かずの　けいさん

/ 50 てん

⭐⭐
① つぎの　けいさんを　しましょう。

(1もん6てん／30てん)

① 4＋3＋2＝

② 8＋2－5＝

③ 10－6＋1＝

④ 9－2－4＝

⑤ 13－3－7＝

⭐⭐⭐
② とりが　5わ　いました。3わ　やってきました。
また　2わ　やってきました。
ぜんぶで　なんわに　なりましたか。

(10てん)

しき

こたえ

⭐⭐⭐
③ バスに　10にん　のっていました。
4にん　おりて、3にん　のってきました。
バスには　なんにん　のっていますか。

(10てん)

しき

こたえ

がつ　　にち　**なまえ**

まとめ⑭
3つの　かずの　けいさん

／50
てん

⭐⭐
① つぎの　けいさんを　しましょう。

（1もん6てん／30てん）

① 15−5−3＝

② 10−7＋6＝

③ 3＋7−4＝

④ 9−5＋2＝

⑤ 6＋4＋5＝

⭐⭐⭐
② いちごが　12こ　ありました。2こ　たべました。
また　3こ　たべました。
いちごは　なんこに　なりましたか。

（10てん）

しき

こたえ _____

⭐⭐⭐
③ おりがみが　10まい　ありました。
3まい　つかいました。
おねえさんから　2まい　もらいました。
おりがみは　なんまいに　なりましたか。

（10てん）

しき

こたえ _____

とけい ①
◯じ

なんじですか。

①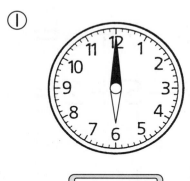

6:00

( )

②

8:00

( )

③

3:00

( )

④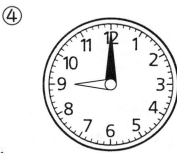

9:00

( )

とけい ②
○じはん

なんじはんですか。うえの　とけいと　したの
とけいを　せんで　むすびましょう。

（※○じはん
は、○じ30
ぷんともい
います。）

★ながい　はりが、6
に　きたら、「はん」と
いいます。
みじかい　はりは、2
つの　すうじの　あい
だを　さします。
　うえの　とけいは、
4じはんです。

①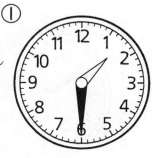

②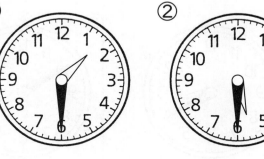

㋐ 5:30
（5じはん）

㋑ 1:30
（1じはん）

③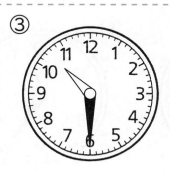

④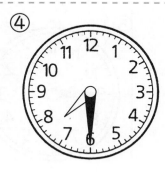

⑤

㋒ 8:30
（8じはん）

㋓ 10:30
（10じはん）

㋔ 7:30
（7じはん）

とけい ③
○じ○ぷん

🍎 なんじなんぷんですか。うえの　とけいと　したの
とけいを　せんで　むすびましょう。

 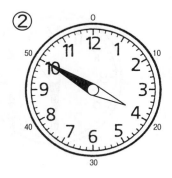 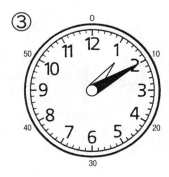

① ② ③

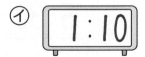 

㋐ `3:20`　　㋑ `1:10`　　㋒ `3:50`

④ ⑤ ⑥

㋓ `8:05`　　㋔ `12:25`　　㋕ `9:45`

がつ　　にち　なまえ

とけい ④
○じ○ぷん

 なんじなんぷんですか。かきましょう。

①

（ 7じ3ぷん ）

②

（　　　　　　　）

③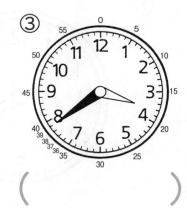

（　　　　　　　）

④

（　　　　　　　）

⑤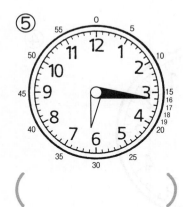

（　　　　　　　）

⑥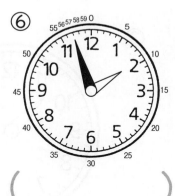

（　　　　　　　）

とけい ⑤
○じ、○じはん

 ながい　はりを　かきましょう。

①

4じ

②

7じ

③

10じはん

④

1じはん

とけい ⑥
◯じ◯ぷん

 ながい　はりを　かきましょう。

①

5 じ10ぷん

②

8 じ25ふん

③

2 じ38ぷん

④

9 じ43ぷん

まとめ ⑮
とけい

/50
てん

① つぎの　とけいを　よみましょう。　　（1もん5てん／30てん）

①

②

③

（　　　　　　　）（　　　　　　　）（　　　　　　　）

④

⑤

⑥

（　　　　　　　）（　　　　　　　）（　　　　　　　）

② とけいに　はりを　かきましょう。　　（1もん5てん／20てん）

① 5じ

② 11じ

④ 2じはん

⑤ 4じはん

がつ　にち　なまえ

まとめ ⑯
とけい

/50
てん

① つぎの とけいを よみましょう。 （1もん5てん／30てん）

①
（　　　　　）

②
（　　　　　）

③
（　　　　　）

④
（　　　　　）

⑤
（　　　　　）

⑥
（　　　　　）

② とけいに ながい はりを かきましょう。 （1もん5てん／15てん）

① 10じ12ふん

② 4じ36ぷん

③ 6じ48ぷん

③ ただしい とけいは どちらですか。 （5てん）

2じ55ふん

（　　　　　）

㋐

㋑

おおきい　かず ⑤
たしざん

① しろい　はなが　20ぽんと、あかい　はなが
5ほん　あります。あわせると　なんぼんですか。

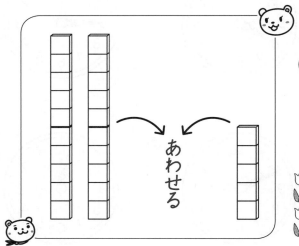

あわせるのだから
たしざんだね。

しき 20 ＋ 5 ＝ 25

こたえ　　　　　　ほん

② けいさんを　しましょう。

① 20＋8＝　　　② 30＋6＝

③ 10＋3＝　　　④ 50＋9＝

⑤ 40＋4＝　　　⑥ 60＋1＝

おおきい　かず ⑥
たしざん

① バスに　7にん　のって　います。10にん　のって
きました。みんなで　なんにんに　なりましたか。

のって
きた

みんなの
にんずうを
けいさん
するんだね。

しき

こたえ _____

② けいさんを　しましょう。

① $9+10=$ 　　② $2+40=$

③ $3+80=$ 　　④ $5+50=$

⑤ $7+30=$ 　　⑥ $4+20=$

たしざん

① あめが　ふくろに　20こ　あります。べつの
ふくろに　30こ　あります。ぜんぶで　なんこ
ありますか。

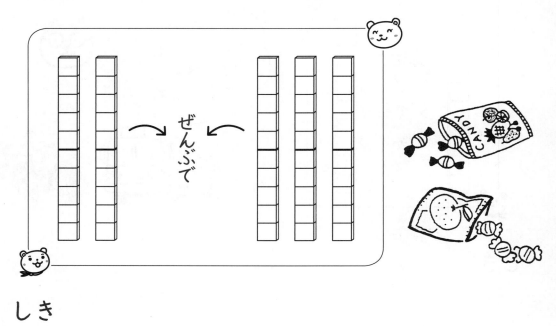

ぜんぶで

しき

こたえ _____

② けいさんを　しましょう。

① $20+20=$　　② $30+40=$

③ $10+70=$　　④ $80+10=$

⑤ $40+50=$　　⑥ $60+20=$

おおきい　かず ⑧
たしざん

① 40えんの　えんぴつと　60えんの　けしごむを
かいました。なんえんに　なりますか。

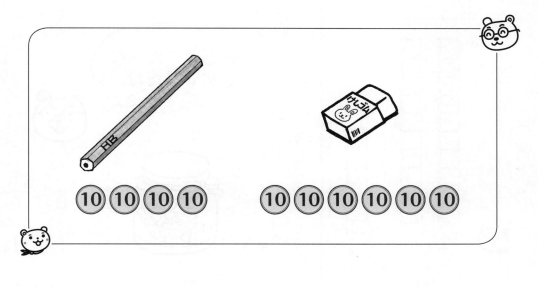

しき

こたえ _____

② けいさんを　しましょう。

① $50+50=$　　② $60+40=$

③ $10+90=$　　④ $30+70=$

⑤ $80+20=$　　⑥ $40+60=$

おおきい　かず ⑨
ひきざん

① あめが　25こ　ありました。5こ　たべました。
のこりは　なんこですか。

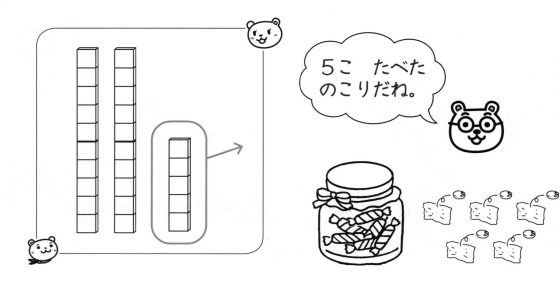

5こ　たべた
のこりだね。

しき　$25 - 5 = 20$

こたえ _____

② けいさんを　しましょう。

① $17 - 7 =$　　② $34 - 4 =$

③ $53 - 3 =$　　④ $76 - 6 =$

⑤ $42 - 2 =$　　⑥ $28 - 8 =$

おおきい　かず ⑩
ひきざん

① いろがみが　37まい　ありました。30まい
つかいました。のこりは　なんまいですか。

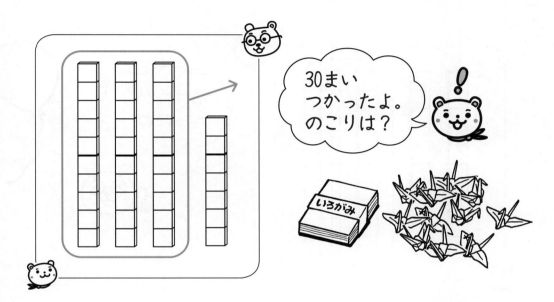

30まい
つかったよ。
のこりは？

いろがみ

しき

こたえ _____

② けいさんを　しましょう。

① 21－20＝

② 65－60＝

③ 89－80＝

④ 32－30＝

⑤ 57－50＝

⑥ 74－70＝

ひきざん

① ふうせんが　40こ　あります。20こ　あげました。
のこりは　なんこですか。

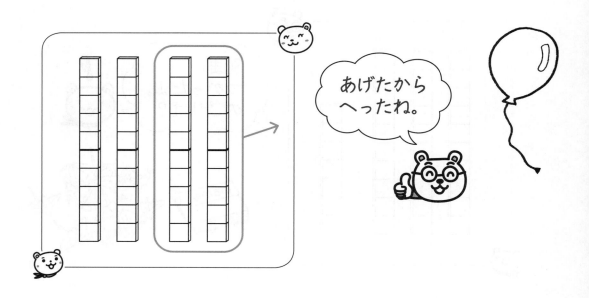

あげたから
へったね。

しき

こたえ ＿＿＿＿＿＿＿＿

② けいさんを　しましょう。

① $50-20=$ ② $90-40=$

③ $80-30=$ ④ $60-50=$

⑤ $70-10=$ ⑥ $40-10=$

おおきい　かず ⑫
ひきざん

① 100えんの　けしごむと　80えんの　けしごむが
あります。ねだんの　ちがいは　なんえんですか。

しき

こたえ _____

② けいさんを　しましょう。

① 100−60＝   ② 100−40＝

③ 100−20＝   ④ 100−50＝

⑤ 100−30＝   ⑥ 100−10＝

おおきい　かず ⑬
100までの　かず

① ひまわりの　たねは、ぜんぶで　なんこ　あります
か。

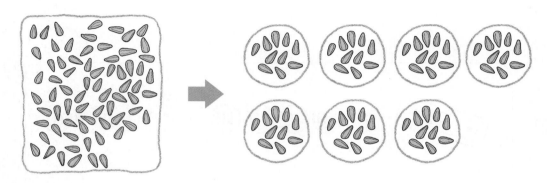

10の　かたまりを　つくりましょう。

　が　7こ。

$$\boxed{7\,|\,0}\,こ$$

② えんぴつの　かずを　かきましょう。

①

十の くらい <small>じゅう</small>	一の くらい <small>いち</small>

②

十の くらい	一の くらい

おおきい　かず ⑭
100までの　かず

① □に　かずを　かきましょう。

① 10が　6こで　□。

② 10が　8こで　□。

③ 71は　10が　□ こと　1が　□ こ。

④ 90は　10が　□ こ。

② □に　かずを　かきましょう。

① 十のくらいが　6、一のくらいが　9の
かずは　□。

② 十のくらいが　4、一のくらいが　5の
かずは　□。

③ 50の　十のくらいの　すうじは　□ 、

一のくらいの　すうじは　□。

おおきい　かず ⑮
100までの　かず

① いちばん　おおきい　かずに　○を　つけましょう。

①
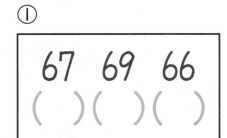
67　69　66
（　）（　）（　）

②
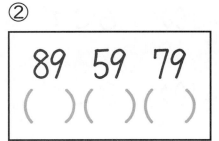
89　59　79
（　）（　）（　）

③
78　80　79　70
（　）（　）（　）（　）

④
96　98　97　99
（　）（　）（　）（　）

② いくつ　ありますか。

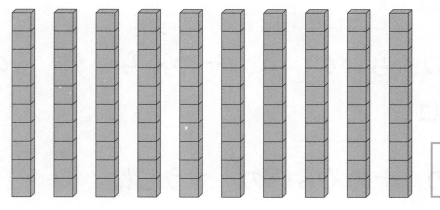

100

10が　10こで　100（ひゃく）です。
100は、99より　1　おおきい　かずです。

おおきい　かず ⑯
100より　おおきい　かず

① □に　あてはまる　かずを　かきましょう。

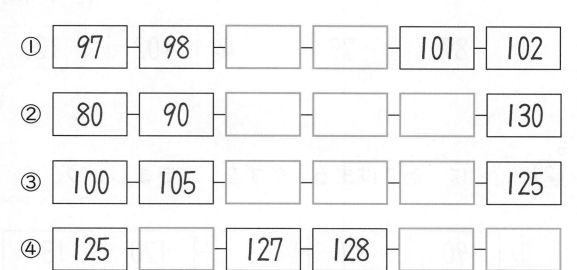

① | 97 | 98 | | | 101 | 102 |

② | 80 | 90 | | | | 130 |

③ | 100 | 105 | | | | 125 |

④ | 125 | | 127 | 128 | | |

② □に　あてはまる　かずを　かきましょう。

① 100より　1おおきい　かずは

② 100より　10おおきい　かずは

③ 100より　1ちいさい　かずは

④ 100より　10ちいさい　かずは

⑤ 120より　20おおきい　かずは

がつ　　にち　なまえ

まとめ ⑰
おおきい　かず

/50
てん

① おおきい　ほうに　○を　つけましょう。

（1もん5てん／10てん）

① | 87 | 79 |

②| 102 | 120 |

（　　）（　　）　　　（　　）（　　）

② □に　あてはまる　かずを　かきましょう。

（□1つ5てん／20てん）

① | 90 | 100 | | 120 | 130 |

② | 85 | 90 | | | 105 |

③ | 96 | 97 | 98 | | 100 |

③ つぎの　かずを　かきましょう。

（1もん5てん／20てん）

① 10が　4こと　1が　8この　かず。（　　　　）

② 10が　10こ　あつまった　かず。（　　　　）

③ 100より　10　おおきい　かず。（　　　　）

④ 100より　1　ちいさい　かず。（　　　　）

がつ　　にち　なまえ

おおきい　かず

/50
てん

⭐⭐
① つぎの　けいさんを　しましょう。

(1もん5てん／30てん)

① 60＋5＝

② 9＋20＝

③ 70＋30＝

④ 36－6＝

⑤ 93－90＝

⑥ 100－20＝

⭐⭐⭐
② あかい　いろがみが　30まい、あおい　いろがみが
40まい　あります。
　あわせて　なんまいですか。

(10てん)

しき

こたえ _____

⭐⭐⭐
③ きょうしつに　28にん　います。8にんが
うんどうじょうへ　いきました。
　いま　きょうしつに　なんにん　いますか。

(10てん)

しき

こたえ _____

たしざん・ひきざん ⑤
たすのかな　ひくのかな

① みなとに　ふねが　15せき　いました。8せき
でて　いきました。なんせき　のこって　いますか。

しき

こたえ

② いけには　こいが　7ひき、ふなが　9ひき
います。あわせて　なんびき　いますか。

しき

こたえ

③ こうえんで　こどもが　13にん　あそんで　います。
5にん　かえりました。いま　なんにんいますか。

しき

こたえ

たしざん・ひきざん ⑥
たすのかな　ひくのかな

① かきが うえの えだに ８こ、したの えだに
６こ なって います。ぜんぶで なんこ なって
いますか。

しき

こたえ _____

② きいろの おりがみが ５まい、しろい おりが
みが ７まい あります。ぜんぶで なんまい
ありますか。

しき

こたえ _____

③ たまごが 16こ あります。７こ つかうと
のこりは なんこに なりますか。

しき

こたえ _____

たしざん・ひきざん ⑦
たすのかな　ひくのかな

① ぼくは　ねんがじょうを　5まい　だしました。
　おねえさんは　ぼくより　4まい　おおく　だし
ました。おねえさんは　なんまい　だしましたか。

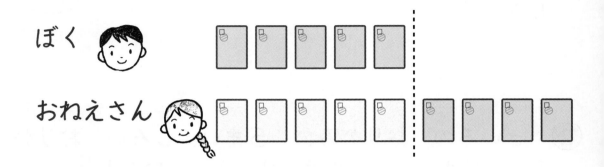

ぼく

おねえさん

しき　5 ＋ 4 ＝

こたえ

② ねんがじょうが、ぼくに　5まい　きました。
　おにいさんは　ぼくより　8まい　おおく　きた
そうです。おにいさんには　ねんがじょうは
なんまい　きましたか。

しき

こたえ

たすのかな　ひくのかな

① あきらさんは　おちばを　14まい　ひろいました。
　ひろこさんは、あきらさんより　5まい
すくなかったそうです。ひろこさんは、なんまい
ひろいましたか。

あきら 🍂🍂🍂🍂🍂　🍂🍂🍂🍂🍂　🍂🍂🍂🍂

ひろこ ・・・・・　・・・・・　🍂🍂🍂🍂🍂

しき

こたえ _____

② みかんを　15こ　かいました。りんごは　みかん
より　8こ　すくなく　かいました。
　りんごは　なんこ　かいましたか。

しき

こたえ _____

初級算数習熟プリント　小学1年生

2023年2月20日　第1刷　発行

著　者　金井　敬之

発行者　面屋　洋

企　画　フォーラム・Ａ

発行所　清風堂書店

　　　〒530-0057　大阪市北区曽根崎2-11-16
　　　TEL 06-6316-1460／FAX 06-6365-5607

振　替　00920-6-119910

制作編集担当　蒔田　司郎
表紙デザイン　ウエナカデザイン事務所

※乱丁・落丁本はおとりかえいたします。

学力の基礎をきたえどの子も伸ばす研究会

HPアドレス　http://gakuryoku.info/

常任委員長　岸本ひとみ
事務局　〒675-0032 加古川市加古川町備後 178−1−2−102 岸本ひとみ方 ☎・Fax 0794−26−5133

① めざすもの

　私たちは、すべての子どもたちが、日本国憲法と子どもの権利条約の精神に基づき、確かな学力の形成を通して豊かな人格の発達が保障され、民主平和の日本の主権者として成長することを願っています。しかし、発達の基盤ともいうべき学力の基礎を鍛えられないまま落ちこぼれている子どもたちが普遍化し、「荒れ」の情況があちこちで出てきています。
　私たちは、「見える学力、見えない学力」を共に養うこと、すなわち、基礎の学習をやり遂げさせることと、読書やいろいろな体験を積むことを通して、子どもたちが「自信と誇りとやる気」を持てるようになると考えています。
　私たちは、人格の発達が歪められている情況の中で、それを克服し、子どもたちが豊かに成長するような実践に挑戦します。
　そのために、つぎのような研究と活動を進めていきます。
　　① 「読み・書き・計算」を基軸とした学力の基礎をきたえる実践の創造と普及。
　　② 豊かで確かな学力づくりと子どもを励ます指導と評価の探究。
　　③ 特別な力量や経験がなくても、その気になれば「いつでも・どこでも・だれでも」ができる実践の普及。
　　④ 子どもの発達を軸とした父母・国民・他の民間教育団体との協力、共同。
　私たちの実践が、大多数の教職員や父母・国民の方々に支持され、大きな教育運動になるよう地道な努力を継続していきます。

② 会　　員

- 本会の「めざすもの」を認め、会費を納入する人は、会員になることができる。
- 会費は、年 4000 円とし、7 月末までに納入すること。①または②

①郵便振替　口座番号　00920−9−319769	②ゆうちょ銀行
名　　称　学力の基礎をきたえどの子も伸ばす研究会	店番099　店名〇九九店　当座0319769

- 特典　研究会をする場合、講師派遣の補助を受けることができる。
　　　　大会参加費の割引を受けることができる。
　　　　学力研ニュース、研究会などの案内を無料で送付してもらうことができる。
　　　　自分の実践を学力研ニュースなどに発表することができる。
　　　　研究の部会を作り、会場費などの補助を受けることができる。
　　　　地域サークルを作り、会場費の補助を受けることができる。

③ 活　　動

　全国家庭塾連絡会と協力して以下の活動を行う。
- 全 国 大 会　全国の研究、実践の交流、深化をはかる場とし、年 1 回開催する。通常、夏に行う。
- 地域別集会　地域の研究、実践の交流、深化をはかる場とし、年 1 回開催する。
- 合宿研究会　研究、実践をさらに深化するために行う。
- 地域サークル　日常の研究、実践の交流、深化の場であり、本会の基本活動である。
　　　　　　　　可能な限り月 1 回の月例会を行う。
- 全国キャラバン　地域の要請に基づいて講師派遣をする。

全 国 家 庭 塾 連 絡 会

① めざすもの

　私たちは、日本国憲法と子どもの権利条約の精神に基づき、すべての子どもたちが確かな学力と豊かな人格を身につけて、わが国の主権者として成長することを願っています。しかし、わが子も含めて、能力があるにもかかわらず、必要な学力が身につかないままになっている子どもたちがたくさんいることに心を痛めています。
　私たちは学力研が追究している教育活動に学びながら、「全国家庭塾連絡会」を結成しました。
　この会は、わが子に家庭学習の習慣化を促すことを主な活動内容とする家庭塾運動の交流と普及を目的としています。
　私たちの試みが、多くの父母や教職員、市民の方々に支持され、地域に根ざした大きな運動になるよう学力研と連携しながら努力を継続していきます。

② 会　　員

　本会の「めざすもの」を認め、会費を納入する人は会員になれる。
　会費は年額 1500 円とし（団体加入は年額 3000 円）、7 月末までに納入する。
　会員は会報や連絡交流会の案内、学力研集会の情報などをもらえる。

事務局　〒564-0041　大阪府吹田市泉町 4−29−13　影浦邦子方　☎・Fax 06−6380−0420
郵便振替　口座番号　00900−1−109969　　名称　全国家庭塾連絡会

初級 算数習熟プリント 1年生

こたえ

5までの かず

① えを かぞえて ○を 1こ ぬりましょう。

② かきましょう。

いち

③ 1を みつけて ○を つけましょう。

① ② ③

④ ⑤ ⑥

6

5までの かず

① えを かぞえて ○を 2こ ぬりましょう。

② かきましょう。

に

2 2 2 2 2

③ 2を みつけて ○を つけましょう。

① ② ③

④ ⑤ ⑥

7

5までの かず

① えを かぞえて ○を 3こ ぬりましょう。

② かきましょう。

さん

3 3 3 3 3

③ 3を みつけて ○を つけましょう。

① ② ③

④ ⑤ ⑥

8

5までの かず

① えを かぞえて ○を 4こ ぬりましょう。

② かきましょう。

し

4 4 4 4 4

③ 4を みつけて ○を つけましょう。

① ② ③

④ ⑤ ⑥

9

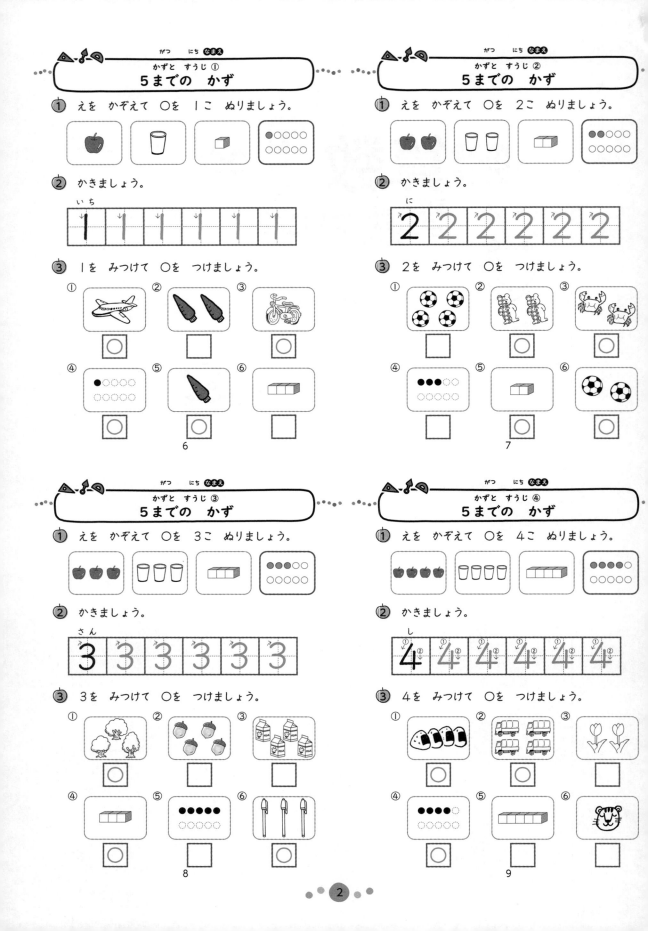

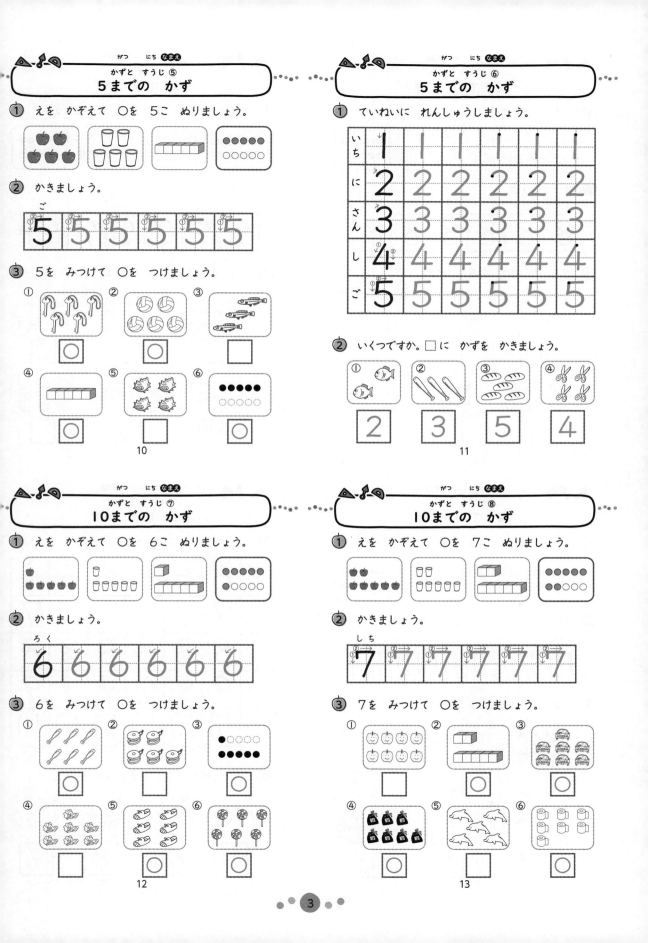

かずと すうじ ⑤
5までの かず

① えを かぞえて ○を 5こ ぬりましょう。

② かきましょう。

ご
5 5 5 5 5 5

③ 5を みつけて ○を つけましょう。

① ② ③
④ ⑤ ⑥

10

かずと すうじ ⑥
5までの かず

① ていねいに れんしゅうしましょう。

いち	1	1	1	1	1	1
に	2	2	2	2	2	2
さん	3	3	3	3	3	3
し	4	4	4	4	4	4
ご	5	5	5	5	5	5

② いくつですか。□に かずを かきましょう。

① 2 ② 3 ③ 5 ④ 4

11

かずと すうじ ⑦
10までの かず

① えを かぞえて ○を 6こ ぬりましょう。

② かきましょう。

ろく
6 6 6 6 6 6

③ 6を みつけて ○を つけましょう。

① ② ③
④ ⑤ ⑥

12

かずと すうじ ⑧
10までの かず

① えを かぞえて ○を 7こ ぬりましょう。

② かきましょう。

しち
7 7 7 7 7 7

③ 7を みつけて ○を つけましょう。

① ② ③
④ ⑤ ⑥

13

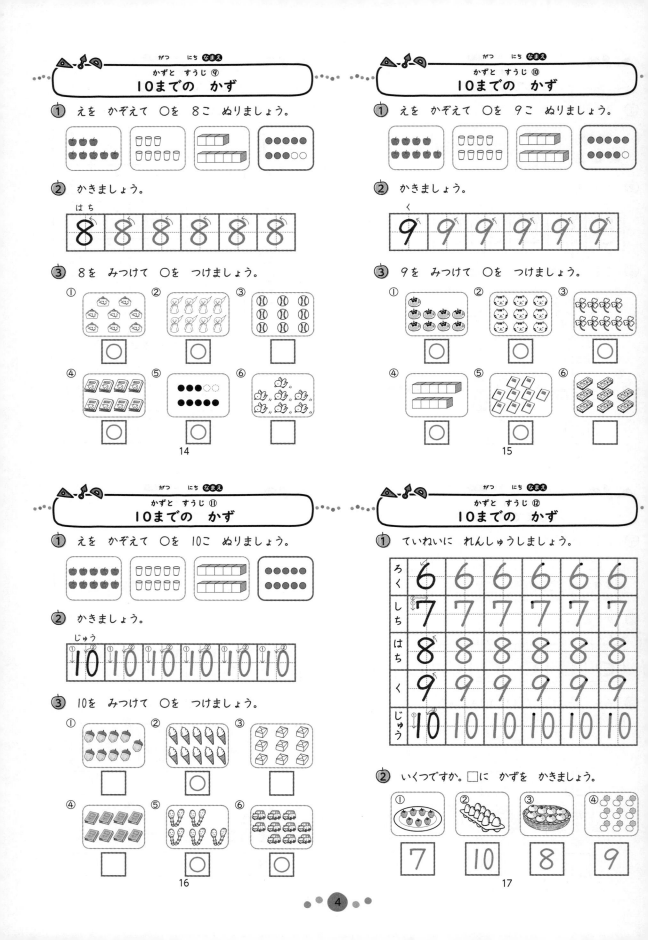

かずと すうじ ⑨
10までの かず

① えを かぞえて ○を 8こ ぬりましょう。

② かきましょう。

はち
8 8 8 8 8 8

③ 8を みつけて ○を つけましょう。

①　②　③
④　⑤　⑥

14

かずと すうじ ⑩
10までの かず

① えを かぞえて ○を 9こ ぬりましょう。

② かきましょう。

く
9 9 9 9 9 9

③ 9を みつけて ○を つけましょう。

①　②　③
④　⑤　⑥

15

かずと すうじ ⑪
10までの かず

① えを かぞえて ○を 10こ ぬりましょう。

② かきましょう。

じゅう
10 10 10 10 10 10

③ 10を みつけて ○を つけましょう。

①　②　③
④　⑤　⑥

16

かずと すうじ ⑫
10までの かず

① ていねいに れんしゅうしましょう。

ろく	6	6	6	6	6
しち	7	7	7	7	7
はち	8	8	8	8	8
く	9	9	9	9	9
じゅう	10	10	10	10	10

② いくつですか。□に かずを かきましょう。

①　②　③　④
7　10　8　9

17

4

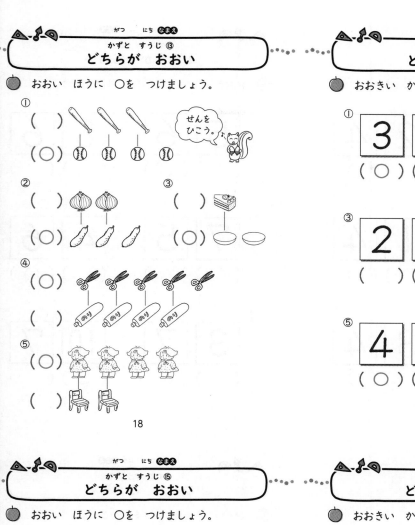

かずと すうじ ⑬
どちらが おおい

おおい ほうに ○を つけましょう。

① ( )
(○)
せんを
ひこう。

② ( )
(○)

③ ( )
(○)

④ (○)
( )

⑤ (○)
( )

18

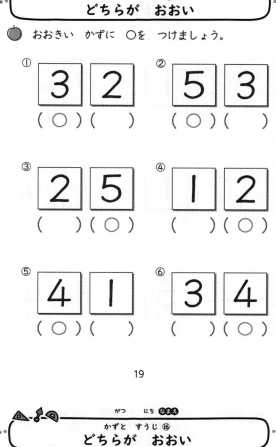

かずと すうじ ⑭
どちらが おおい

おおきい かずに ○を つけましょう。

① 3 2
(○) ( )

② 5 3
(○) ( )

③ 2 5
( ) (○)

④ 1 2
( ) (○)

⑤ 4 1
(○) ( )

⑥ 3 4
( ) (○)

19

かずと すうじ ⑮
どちらが おおい

おおい ほうに ○を つけましょう。

① (○)
( )

② ( )
(○)

③ (○)
( )

④ ( )
(○)

⑤ (○)
( )

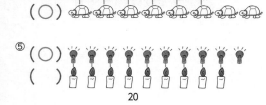

20

かずと すうじ ⑯
どちらが おおい

おおきい かずに ○を つけましょう。

① 8 9
( ) (○)

② 10 7
(○) ( )

③ 9 6
(○) ( )

④ 7 9
( ) (○)

⑤ 6 10
( ) (○)

⑥ 7 8
( ) (○)
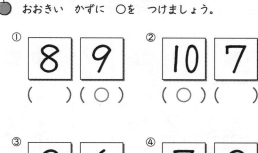
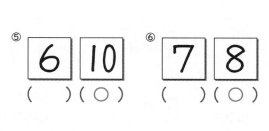

21

かずと すうじ ⑰
どちらが おおい

● おおきい かずに ○を つけましょう。

① 3 1
(○) (   )

② 2 4
(   ) (○)

③ 2 1
(○) (   )

④ 1 4
(   ) (○)

⑤ 4 5
(   ) (○)

⑥ 3 4
(   ) (○)

22

かずと すうじ ⑱
どちらが おおい

● おおきい かずに ○を つけましょう。

① 5 6
(   ) (○)

② 8 6
(○) (   )

③ 7 5
(○) (   )

④ 4 6
(   ) (○)

⑤ 3 7
(   ) (○)

⑥ 10 7
(○) (   )

23

かずと すうじ ⑲
ひとつ ふえると

● ひとつ ふえた かずを かきましょう。

1 ひとつ ふえると ① 2

2 ひとつ ふえると ② 3

3 ひとつ ふえると ③ 4

4 ひとつ ふえると ④ 5

5 ひとつ ふえると ⑤ 6

24

かずと すうじ ⑳
ひとつ ふえると

● ひとつ ふえた かずを かきましょう。

6 ひとつ ふえると ① 7

7 ひとつ ふえると ② 8

8 ひとつ ふえると ③ 9

9 ひとつ ふえると ④ 10

25

6

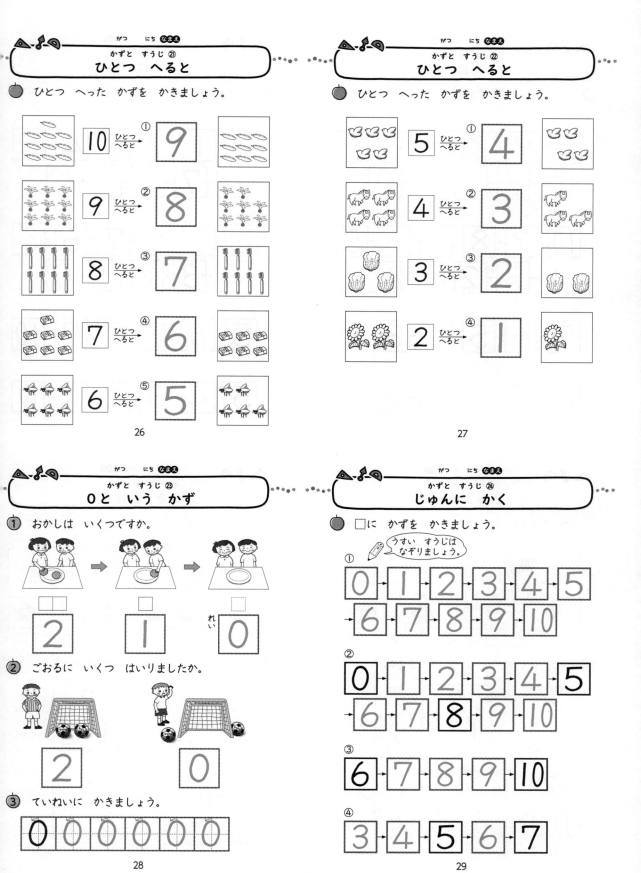

ひとつ へると

● ひとつ へった かずを かきましょう。

① 10 ひとつ へると → 9

② 9 ひとつ へると → 8

③ 8 ひとつ へると → 7

④ 7 ひとつ へると → 6

⑤ 6 ひとつ へると → 5

26

ひとつ へると

● ひとつ へった かずを かきましょう。

① 5 ひとつ へると → 4

② 4 ひとつ へると → 3

③ 3 ひとつ へると → 2

④ 2 ひとつ へると → 1

27

0と いう かず

① おかしは いくつですか。

2　1　0 れい

② ごおるに いくつ はいりましたか。

2　0

③ ていねいに かきましょう。

0 0 0 0 0 0

28

じゅんに かく

● □に かずを かきましょう。

うすい すうじは
なぞりましょう。

① 0 1 2 3 4 5 → 6 7 8 9 10

② 0 1 2 3 4 5 → 6 7 8 9 10

③ 6 7 8 9 10

④ 3 4 5 6 7

29

7

じゅんに　かく

□に　かずを　かきましょう。

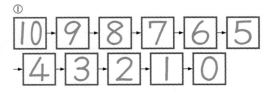

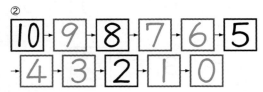

30

じゅんに　かく

□に　かずを　かきましょう。

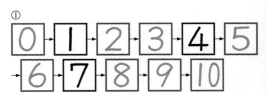

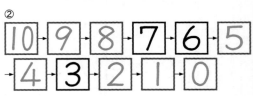

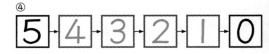

31

2を　わける

2つ　あります。いくつと　いくつに　なりますか。

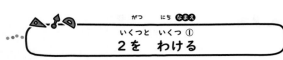

2は　いくつと　いくつに　なりますか。

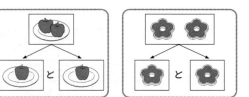

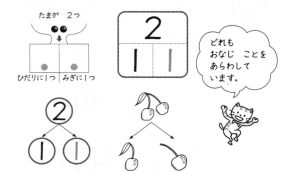

32

3を　わける

3つ　あります。いくつと　いくつに　なりますか。

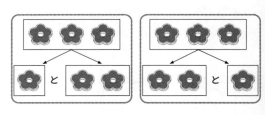

3は　いくつと　いくつに　なりますか。

①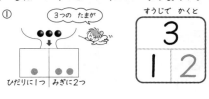

②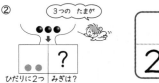

33

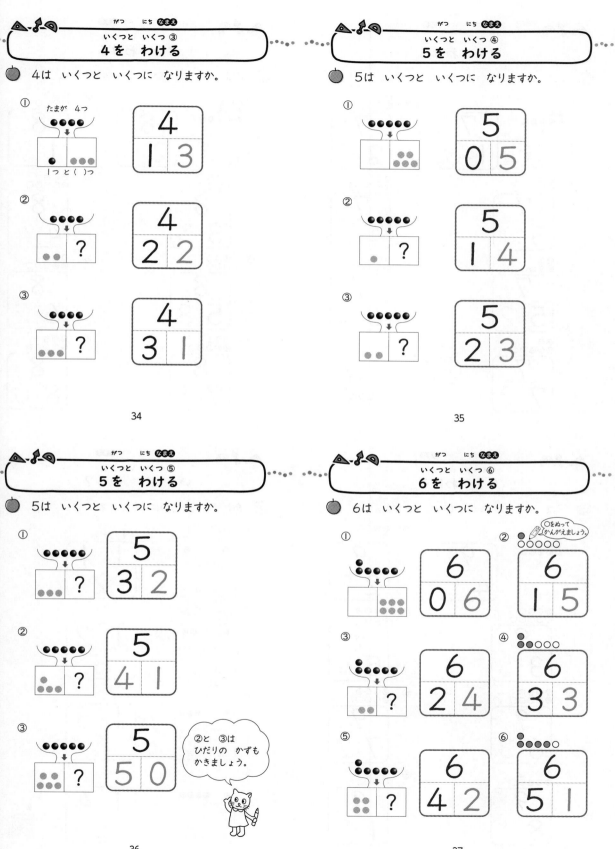

● 7は　いくつと　いくつに　なりますか。

①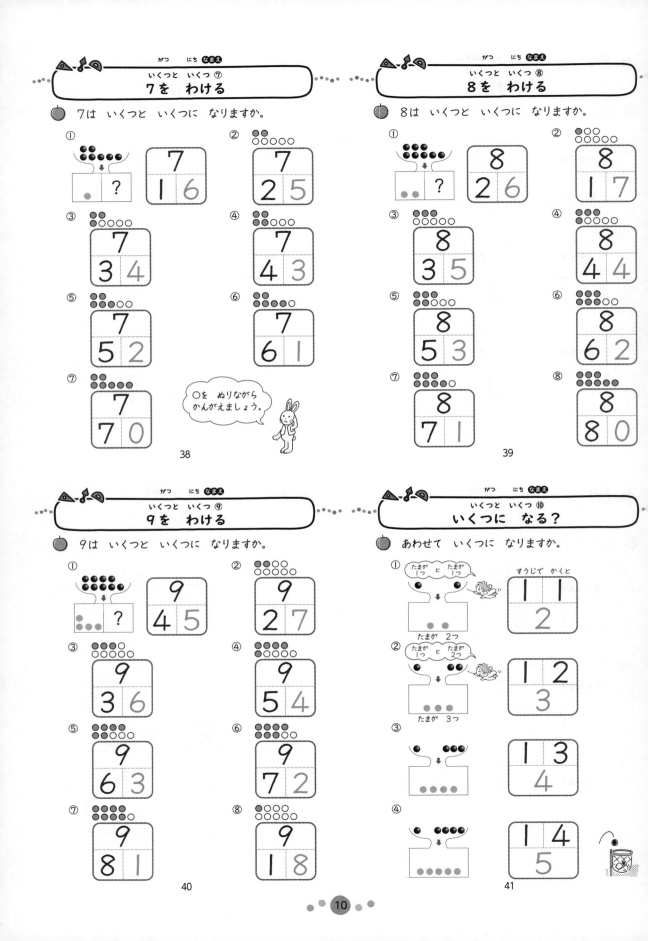

7	
1	6

②

7	
2	5

③

7	
3	4

④

7	
4	3

⑤

7	
5	2

⑥

7	
6	1

⑦

7	
7	0

○を　ぬりながら
かんがえましょう。

38

● 8は　いくつと　いくつに　なりますか。

①

8	
2	6

②

8	
1	7

③

8	
3	5

④

8	
4	4

⑤

8	
5	3

⑥

8	
6	2

⑦

8	
7	1

⑧

8	
8	0

39

● 9は　いくつと　いくつに　なりますか。

①

9	
4	5

②

9	
2	7

③

9	
3	6

④

9	
5	4

⑤

9	
6	3

⑥

9	
7	2

⑦

9	
8	1

⑧

9	
1	8

40

● あわせて　いくつに　なりますか。

① たまが　1つ　と　たまが　1つ　→　たまが　2つ

すうじで　かくと

1	1
2	

② たまが　1つ　と　たまが　2つ　→　たまが　3つ

1	2
3	

③

1	3
4	

④

1	4
5	

41

あわせて　いくつに　なりますか。

① | 1 5 | 6

② | 1 6 | 7

③ | 1 7 | 8

④は ● も
かきましょう。

④ | 1 8 | 9

42

あわせて　いくつに　なりますか。

① | 2 1 | 3

② | 2 2 | 4

③ | 2 3 | 5

④は ● も
かきましょう。

④ | 2 4 | 6

43

あわせて　いくつに　なりますか。

① | 2 5 | 7

② | 2 6 | 8

③ | 2 7 | 9

④は ● も
かきましょう。

④ | 3 1 | 4

44

あわせて　いくつに　なりますか。

① | 3 2 | 5

② | 3 3 | 6

③ | 3 4 | 7

④は ● も
かきましょう。

④ | 3 5 | 8

45

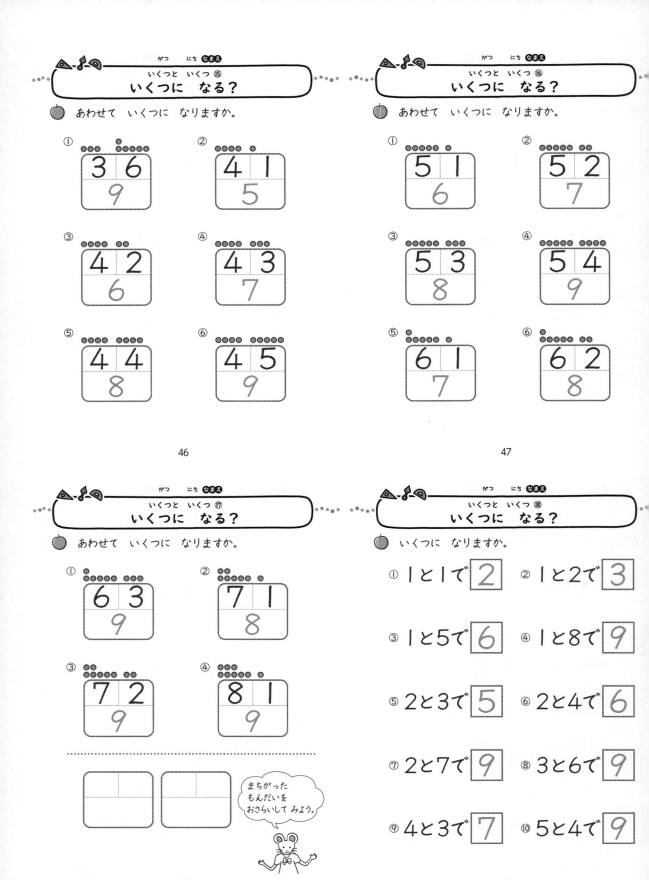

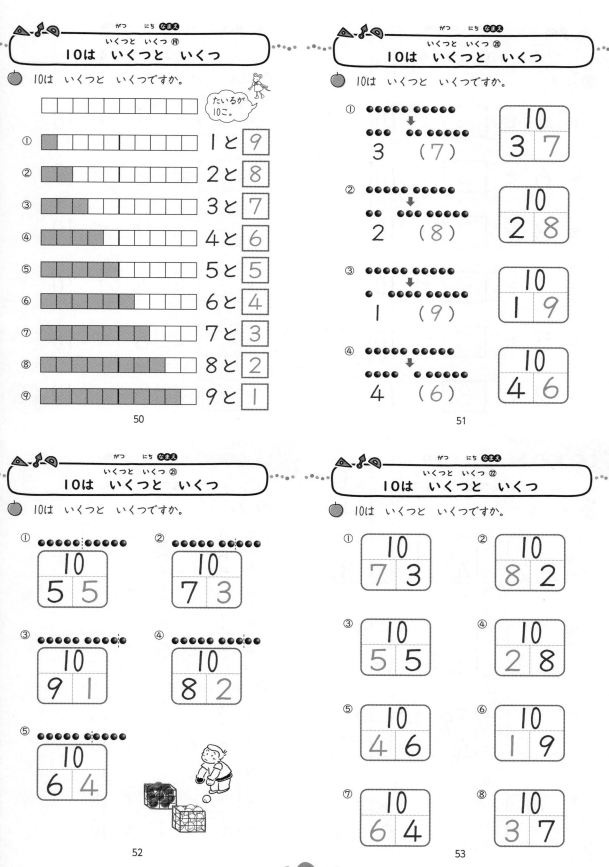

10は　いくつと　いくつですか。

たいるが
10こ。

① 1と 9
② 2と 8
③ 3と 7
④ 4と 6
⑤ 5と 5
⑥ 6と 4
⑦ 7と 3
⑧ 8と 2
⑨ 9と 1

50

10は　いくつと　いくつですか。

① 3 （7）　10 / 3 7
② 2 （8）　10 / 2 8
③ 1 （9）　10 / 1 9
④ 4 （6）　10 / 4 6

51

10は　いくつと　いくつですか。

① 10 / 5 5
② 10 / 7 3
③ 10 / 9 1
④ 10 / 8 2
⑤ 10 / 6 4

52

10は　いくつと　いくつですか。

① 10 / 7 3
② 10 / 8 2
③ 10 / 5 5
④ 10 / 2 8
⑤ 10 / 4 6
⑥ 10 / 1 9
⑦ 10 / 6 4
⑧ 10 / 3 7

53

いくつと いくつ㉓
10を つくる

10を つくりましょう。

① 4 と **6** で 10

② 6 と **4** で 10

③ 3 と **7** で 10

④ 1 と **9** で 10

⑤ 5 と **5** で 10

⑥ 2 と **8** で 10

54

いくつと いくつ㉔
10を つくる

10を つくりましょう。

① **1** と 9 で 10

② **8** と 2 で 10

③ **3** と 7 で 10

④ **6** と 4 で 10

⑤ **2** と 8 で 10

⑥ **5** と 5 で 10

55

まとめテスト
まとめ①
いくつと いくつ /50てん

すうじを かきましょう。 (1もん5てん／50てん)

① 4 / 2 2 ② 5 / 4 1 ③ 8 / 5 3

④ 6 / 2 4 ⑤ 7 / 4 3 ⑥ 8 / 2 6

⑦ 8 / 3 5 ⑧ 9 / 4 5 ⑨ 9 / 2 7

⑩ 10 / 6 4

56

まとめテスト
まとめ②
いくつと いくつ /50てん

① あわせると いくつに なりますか。 (1もん5てん／25てん)

① 4 と 3 で **7**

② 2 と 7 で **9**

③ 5 と 4 で **9**

④ 1 と 6 で **7**

⑤ 3 と 5 で **8**

② 10に なるように かずを かきましょう。 (1もん5てん／25てん)

① 6 と **4** で 10

② 3 と **7** で 10

③ 8 と **2** で 10

④ **5** と 5 で 10

⑤ **9** と 1 で 10

57

14

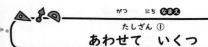

たしざん ①
あわせて いくつ

① みかんが あります。あわせると なんこですか。

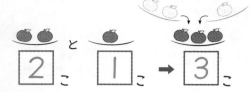

$\boxed{2}$ こ と $\boxed{1}$ こ → $\boxed{3}$ こ

② めろんが あります。あわせると なんこですか。

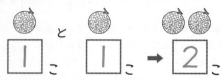

$\boxed{1}$ こ と $\boxed{1}$ こ → $\boxed{2}$ こ

③ あめが あります。あわせると なんこですか。

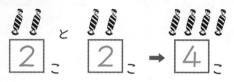

$\boxed{2}$ こ と $\boxed{2}$ こ → $\boxed{4}$ こ

58

たしざん ②
あわせて いくつ

① ばななが あります。あわせると ぜんぶで なんぼんに なりますか。

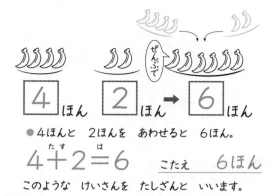

$\boxed{4}$ ほん と $\boxed{2}$ ほん → $\boxed{6}$ ほん

● 4ほんと 2ほんを あわせると 6ほん。

$4+2=6$　　こたえ　　6ほん

このような けいさんを たしざんと いいます。

② なぞりましょう。

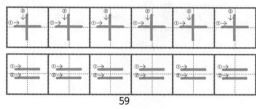

59

たしざん ③
あわせて いくつ

① えんぴつが あります。あわせると ぜんぶで なんぼんに なりますか。

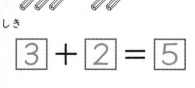

しき

$\boxed{3}+\boxed{2}=\boxed{5}$

　　　　こたえ　　5ほん

② みかん 3こと 4こを あわせると ぜんぶで なんこに なりますか。

しき

$\boxed{3}+\boxed{4}=\boxed{7}$

　　　　こたえ　　7こ

60

たしざん ④
あわせて いくつ

① きんぎょすくいを しました。ぼくは 2ひき すくいました。おねえさんは 4ひき すくいました。ぜんぶで なんびき すくいましたか。

しき 2+4=6

　　　　こたえ　　6ぴき

② すずめが にわに 5わ います。やねに 2わ います。ぜんぶで なんわ いますか。

しき 5+2=7

　　　　こたえ　　7わ

61

15

たしざん ⑤
ふえると いくつ

① すずめが 3わ いました。そこへ 1わ
とんで きました。すずめは ぜんぶで なんわに
なりましたか。

しき

$$3 + 1 = 4$$

● この もんだいも
たしざんに なります。　　こたえ　　4わ

② こうえんで 4にん あそんで いました。
5にん あそびに きました。 みんなで
なんにんに なりましたか。

しき 4+5=9

こたえ　　9にん

62

たしざん ⑥
ふえると いくつ

① すいそうに きんぎょが 6ぴき いました。
2ひき いれました。ぜんぶで なんびきに
なりましたか。

しき 6+2=8

こたえ　　8ぴき

② じどうしゃが 5だい とまって います。
2だい きました。ぜんぶで なんだいに
なりましたか。

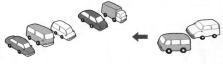

しき 5+2=7

こたえ　　7だい

63

たしざん ⑦
ふえると いくつ

① かごに じゃがいもが 6こ はいって います。
3こ いれると ぜんぶで なんこに なりますか。

しき 6+3=9

こたえ　　9こ

② おかしを 3こ もっています。5こ もらうと
ぜんぶで なんこに なりますか。

しき 3+5=8

こたえ　　8こ

64

たしざん ⑧
ふえると いくつ

① いちごを きのう 6こ たべました。きょうは
2こ たべました。あわせて なんこ
たべましたか。

しき 6+2=8

こたえ　　8こ

② こうえんで 4にんが あそんで いました。
ともだちが 4にん きました。みんなで
なんにんに なりましたか。

しき 4+4=8

こたえ　　8にん

65

16

たしざん ⑨
10までの たしざん

 けいさんを しましょう。

① $1+1=2$ ② $1+2=3$

③ $1+3=4$ ④ $1+4=5$

⑤ $1+5=6$ ⑥ $1+6=7$

⑦ $1+7=8$ ⑧ $1+8=9$

⑨ $1+9=10$ ⑩ $2+1=3$

⑪ $2+2=4$ ⑫ $2+3=5$

66

たしざん ⑩
10までの たしざん

けいさんを しましょう。

① $2+4=6$ ② $2+5=7$

③ $2+6=8$ ④ $2+7=9$

⑤ $2+8=10$ ⑥ $3+1=4$

⑦ $3+2=5$ ⑧ $3+3=6$

⑨ $3+4=7$ ⑩ $3+5=8$

⑪ $3+6=9$

67

たしざん ⑪
10までの たしざん

けいさんを しましょう。

① $3+7=10$ ② $4+1=5$

③ $4+2=6$ ④ $4+3=7$

⑤ $4+4=8$ ⑥ $4+5=9$

⑦ $4+6=10$ ⑧ $5+1=6$

⑨ $5+2=7$ ⑩ $5+3=8$

⑪ $5+4=9$

68

たしざん ⑫
10までの たしざん

けいさんを しましょう。

① $5+5=10$ ② $6+1=7$

③ $6+2=8$ ④ $6+3=9$

⑤ $6+4=10$ ⑥ $7+1=8$

⑦ $7+2=9$ ⑧ $7+3=10$

⑨ $8+1=9$ ⑩ $8+2=10$

⑪ $9+1=10$

69

17

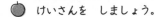

たしざん ⑬
10までの たしざん

がつ にち なまえ

けいさんを しましょう。

① $7+2=9$　② $5+3=8$

③ $2+4=6$　④ $6+1=7$

⑤ $3+4=7$　⑥ $5+4=9$

⑦ $3+6=9$　⑧ $2+5=7$

⑨ $4+5=9$　⑩ $3+2=5$

⑪ $7+3=10$　⑫ $2+6=8$

70

たしざん ⑭
10までの たしざん

がつ にち なまえ

けいさんを しましょう。

① $4+3=7$　② $6+2=8$

③ $2+7=9$　④ $5+2=7$

⑤ $3+5=8$　⑥ $6+4=10$

⑦ $6+3=9$　⑧ $4+2=6$

⑨ $1+8=9$　⑩ $4+4=8$

⑪ $5+5=10$　⑫ $2+3=5$

71

たしざん ⑮
0の たしざん

がつ にち なまえ

たまの かずを あわせると いくつですか。

①
$$2 + 1 = \boxed{3}$$

②
$$2 + 0 = \boxed{2}$$

③
$$0 + 3 = \boxed{3}$$

④
$$0 + 0 = \boxed{0}$$

72

たしざん ⑯
0の たしざん

がつ にち なまえ

けいさんを しましょう。

① $3+0=3$　② $5+0=5$

③ $8+0=8$　④ $0+2=2$

⑤ $0+4=4$　⑥ $0+6=6$

⑦ $7+0=7$　⑧ $0+8=8$

⑨ $9+0=9$　⑩ $0+5=5$

73

まとめ ③
10までの たしざん /50てん

① つぎの けいさんを しましょう。 （1もん6てん／30てん）

① $7+2=9$ ② $1+8=9$

③ $9+0=9$ ④ $6+4=10$

⑤ $3+5=8$

② あかい いろがみが 5まい、あおい いろがみが 2まい あります。あわせて なんまいですか。 （10てん）

しき $5+2=7$

こたえ 7まい

③ こうえんに こどもが 4にん あそんで いました。3にん きました。あわせて なんにんに なりましたか。 （10てん）

しき $4+3=7$

こたえ 7にん

74

まとめ ④
10までの たしざん /50てん

① つぎの けいさんを しましょう。 （1もん6てん／30てん）

① $2+4=6$ ② $0+7=7$

③ $5+5=10$ ④ $8+1=9$

⑤ $6+3=9$

② いちごを わたしが 4こ、いもうとが 6こ たべました。あわせて なんこ たべましたか。 （10てん）

しき $4+6=10$

こたえ 10こ

③ バスに 5にん のっています。4にん のって きました。バスには なんにん のっていますか。 （10てん）

しき $5+4=9$

こたえ 9にん

75

ひきざん ①
のこりは いくつ

① きんぎょが 4ひき います。1ぴき すくうと のこりは なんびきですか。

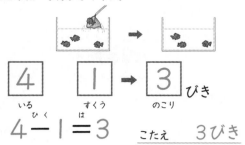

4	1	→	3
いろ	すくう		のこり びき

$4-1=3$ こたえ 3びき
ひく は

このような けいさんを ひきざんと いいます。

② りんごが 2こ あります。1こ たべると のこりは なんこですか。

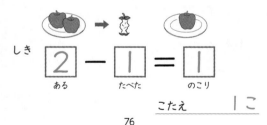

しき
2	−	1	=	1
ある		たべた		のこり

こたえ 1こ

76

ひきざん ②
のこりは いくつ

① くるまが 3だい あります。2だい でていきました。のこりは なんだいですか。

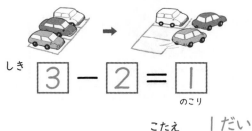

しき
3	−	2	=	1
				のこり

こたえ 1だい

② すずめが 5わ とまって いました。3わ とんで いきました。のこりは なんわですか。

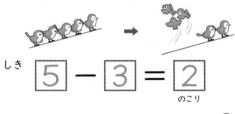

しき
5	−	3	=	2
				のこり

こたえ 2わ

77

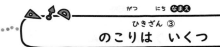

ひきざん ③
のこりは いくつ

① はなを 5ほん つみました。
3ぼん あげました。のこりは なんぼんですか。

しき 5－3＝2

こたえ 　2ほん

② ふうせんが 6こ ありました。2こ とんで
いきました。のこりは なんこですか。

しき 6－2＝4

こたえ 　4こ

78

ひきざん ④
のこりは いくつ

① 7にんが こうえんで あそんで いました。
そのうち 4にん かえりました。なんにんに
なりましたか。

しき 7－4＝3

こたえ 　3にん

② おりがみが 8まい ありました。5まい
つかうと のこりは なんまいですか。

しき 8－5＝3

こたえ 　3まい

79

ひきざん ⑤
ちがいは いくつ

① にわとりが さくの なかに 4わ います。
そとに 3わ います。ちがいは なんわですか。

しき 4 － 3 ＝ 1

こたえ 　1わ

● ちがいを だす ときも ひきざんを します。

② まるい おさらが 5まい、しかくい おさらが
4まい あります。ちがいは なんまいですか。

しき 5 － 4 ＝ 1

こたえ 　1まい

80

ひきざん ⑥
ちがいは いくつ

① しろい ふうせんが 9こ、あかい ふうせんが
5こ あります。しろい ふうせんが なんこ
おおいですか。

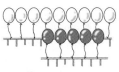

しき 9－5＝4

こたえ 　4こ

② かきが 8こ、なしが 6こ あります。
かきは なしより なんこ おおいですか。

しき 8－6＝2

こたえ 　2こ

81

20

ひきざん ⑦
ちがいは　いくつ

① あたらしい　えんぴつが　10ぽん　あります。
けずった　えんぴつが　6ぽん　あります。
ちがいは　なんぼんですか。

しき　10－6＝4

こたえ　　4ほん

② いぬが　7ひき　います。ねこが　3びき
います。ちがいは　なんびきですか。

しき　7－3＝4

こたえ　　4ひき

82

ひきざん ⑧
ちがいは　いくつ

① にわとりの　たまごが　8こ　あります。
うずらの　たまごが　10こ　あります。
ちがいは　なんこですか。

しき　10－8＝2

こたえ　　2こ

② みかんが　6こ　あります。いちごが　7こ
あります。みかんの　かずと　いちごの　かずの
ちがいは　なんこですか。

しき　7－6＝1

こたえ　　1こ

83

ひきざん ⑨
10までの　ひきざん

● けいさんを　しましょう。

① 2－1＝1　　② 3－1＝2

③ 3－2＝1　　④ 4－1＝3

⑤ 4－2＝2　　⑥ 4－3＝1

⑦ 5－1＝4　　⑧ 5－2＝3

⑨ 5－3＝2　　⑩ 5－4＝1

⑪ 6－1＝5　　⑫ 6－2＝4

84

ひきざん ⑩
10までの　ひきざん

● けいさんを　しましょう。

① 6－3＝3　　② 6－4＝2

③ 6－5＝1　　④ 7－1＝6

⑤ 7－2＝5　　⑥ 7－3＝4

⑦ 7－4＝3　　⑧ 7－5＝2

⑨ 7－6＝1　　⑩ 8－1＝7

⑪ 8－2＝6

85

21

ひきざん ⑪
10までの　ひきざん

けいさんを　しましょう。

① 8−3＝5　② 8−4＝4

③ 8−5＝3　④ 8−6＝2

⑤ 8−7＝1　⑥ 9−1＝8

⑦ 9−2＝7　⑧ 9−3＝6

⑨ 9−4＝5　⑩ 9−5＝4

⑪ 9−6＝3

ひきざん ⑫
10までの　ひきざん

けいさんを　しましょう。

① 9−7＝2　② 9−8＝1

③ 10−1＝9　④ 10−2＝8

⑤ 10−3＝7　⑥ 10−4＝6

⑦ 10−5＝5　⑧ 10−6＝4

⑨ 10−7＝3　⑩ 10−8＝2

⑪ 10−9＝1

ひきざん ⑬
10までの　ひきざん

けいさんを　しましょう。

① 5−2＝3　② 8−5＝3

③ 10−7＝3　④ 9−4＝5

⑤ 8−2＝6　⑥ 9−6＝3

⑦ 6−3＝3　⑧ 9−2＝7

⑨ 7−4＝3　⑩ 10−6＝4

⑪ 7−2＝5　⑫ 8−6＝2

ひきざん ⑭
10までの　ひきざん

けいさんを　しましょう。

① 4−2＝2　② 7−3＝4

③ 6−4＝2　④ 9−5＝4

⑤ 8−4＝4　⑥ 9−7＝2

⑦ 5−3＝2　⑧ 9−3＝6

⑨ 6−2＝4　⑩ 7−5＝2

⑪ 9−2＝7　⑫ 10−8＝2

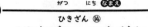

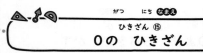
きんぎょが　2ひき　います。
すくうと　のこりは　なんびきに　なりますか。

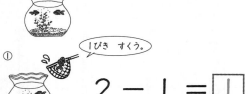

① 1ぴき　すくう。

$$2 - 1 = \boxed{1}$$

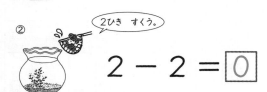

② 2ひき　すくう。

$$2 - 2 = \boxed{0}$$

③ あっ、すくえない。

$$2 - 0 = \boxed{2}$$

90

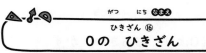
けいさんを　しましょう。

① $1 - 0 = 1$ 　② $9 - 0 = 9$

③ $4 - 0 = 4$ 　④ $3 - 0 = 3$

⑤ $8 - 0 = 8$ 　⑥ $2 - 0 = 2$

⑦ $6 - 0 = 6$ 　⑧ $7 - 0 = 7$

⑨ $5 - 0 = 5$ 　⑩ $0 - 0 = 0$

91

まとめテスト
がつ　にち　なまえ

まとめ ⑤
10までの　ひきざん ／50てん

① つぎの　けいさんを　しましょう。 （1もん6てん／30てん）

① $8 - 3 = 5$ 　② $10 - 4 = 6$
③ $9 - 4 = 5$ 　④ $6 - 2 = 4$
⑤ $3 - 0 = 3$

② みかんが　7こ　あります。3こ　たべました。
のこりは　なんこに　なりましたか。 （10てん）

しき $7 - 3 = 4$

こたえ　　　4こ

③ いぬが　10ぴき、ねこが　7ひき　います。
どちらが　なんびき　おおいですか。 （10てん）

しき $10 - 7 = 3$

こたえ　　いぬが3びきおおい

92

まとめテスト
がつ　にち　なまえ

まとめ ⑥
10までの　ひきざん ／50てん

① つぎの　けいさんを　しましょう。 （1もん6てん／30てん）

① $7 - 4 = 3$ 　② $8 - 2 = 6$
③ $10 - 7 = 3$ 　④ $6 - 0 = 6$
⑤ $9 - 5 = 4$

② あかい　はなが　6ぼん、しろい　はなが　3ぼん
あります。どちらが　なんぼん　おおいですか。 （10てん）

しき $6 - 3 = 3$

こたえ あかいはなが3ぼんおおい

③ ふうせんが　5こ　ありました。2こ　とんで
いきました。ふうせんは　なんこ　のこって　いますか。 （10てん）

しき $5 - 2 = 3$

こたえ　　　3こ

93

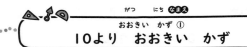
なんこ　ありますか。
□に　かずを　かきましょう。

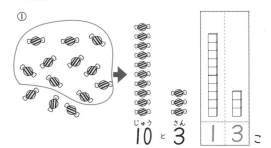

① 10 と 3　| 1 | 3 |こ

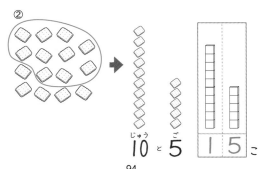

② 10 と 5　| 1 | 5 |こ

94

たいるを　すうじに　かえて、□の　なかに
かずを　かきましょう。

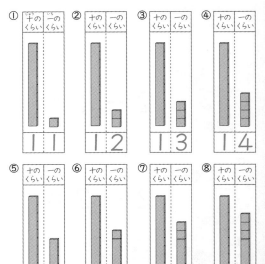

① | 1 | 1 |　② | 1 | 2 |　③ | 1 | 3 |　④ | 1 | 4 |

⑤ | 1 | 5 |　⑥ | 1 | 6 |　⑦ | 1 | 7 |　⑧ | 1 | 8 |

95

① たいるを　すうじに　かえて、□の　なかに
かずを　かきましょう。

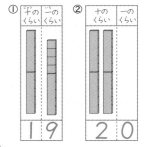

① | 1 | 9 |　② | 2 | 0 |

② すうじの　かずだけ　たいるに　いろを　ぬりま
しょう。

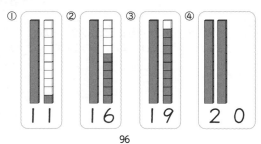

① 1 1　② 1 6　③ 1 9　④ 2 0

96

□に　かずを　かきましょう。

① 10 と 2 で | 12 |

② 10 と 8 で | 18 |

③ 10 と 5 で | 15 |

④ 10 と 3 で | 13 |

⑤ 10 と 9 で | 19 |

⑥ 10 と 4 で | 14 |

⑦ 10 と 7 で | 17 |

⑧ 10 と 1 で | 11 |

⑨ 10 と 10 で | 20 |

97

24

たしざん ⑰
くりあがりの　ある　たしざん

まなさんは　どんぐりを　9こ　ひろいました。
また　4こ　ひろいました。どんぐりは、ぜんぶで
なんこに　なりましたか。

① なにざんに　なりますか。しきを　かきましょう。

$$9 + 4$$

② けいさんの　しかたを　かんがえましょう。

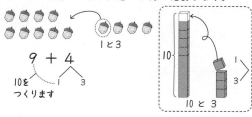

③ しきを　なぞり、こたえを　かきましょう。

9 + 4 = 13

こたえ　　　13こ

98

たしざん ⑱
くりあがりの　ある　たしざん

けいさんを　しましょう。

①  9 + 3 = 12
- 3を　1と　2に　します。
- 9と　1で　10。
- 10と　2で　12。

② 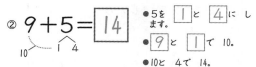 9 + 5 = 14
- 5を　1と　4にし ます。
- 9と　1で　10。
- 10と　4で　14。

③ 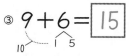 9 + 6 = 15

④ 9 + 7 = 16

⑤ 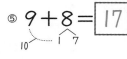 9 + 8 = 17

99

たしざん ⑲
くりあがりの　ある　たしざん

みかんが　8こ　ありました。おかあさんから
6こ　もらいました。あわせて　なんこに　なりま
したか。

① しきを　なぞりましょう。

8 + 6

② けいさんの　しかたを　かんがえましょう。

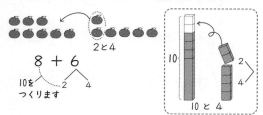

③ しきと　こたえを　かきましょう。

しき　8 + 6 = 14

こたえ　　　14こ

100

たしざん ⑳
くりあがりの　ある　たしざん

けいさんを　しましょう。

①  8 + 3 = 11
- 3を　2と　1に　します。
- 8と　2で　10。
- 10と　1で　11。

② 8 + 4 = 12
- 4を　2と　2にし ます。
- 8と　2で　10。
- 10と　2で　12。

③ 8 + 5 = 13

④ 8 + 7 = 15

⑤ 8 + 8 = 16

101

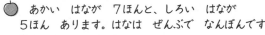

あかい　はなが　7ほんと、しろい　はなが　5ほん　あります。はなは　ぜんぶで　なんぼんですか。

➡たす⬅

① しきを　なぞりましょう。

$7 + 5$

② けいさんの　しかたを　かんがえましょう。

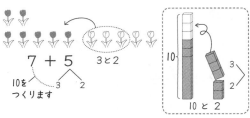

7 ＋ 5　　3と2
10を
つくります　　3　2

10
10 と 2
3
2

③ しきと　こたえを　かきましょう。

しき　7＋5＝12

こたえ　12ほん

102

けいさんを　しましょう。

① $7 + 4 = \boxed{11}$
10 ⌣ 3 ︿ 1

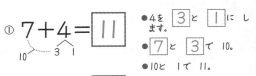

●4を $\boxed{3}$ と $\boxed{1}$ にします。
●$\boxed{7}$ と $\boxed{3}$ で 10。
●10と 1 で 11。

② $7 + 6 = \boxed{13}$
10 ⌣ 3 ︿ 3

③ $7 + 7 = \boxed{14}$
10 ⌣ 3 ︿ 4

④ $7 + 8 = \boxed{15}$
10 ⌣ 3 ︿ 5

⑤ $7 + 9 = \boxed{16}$
10 ⌣ 3 ︿ 6

103

けいさんを　しましょう。

① $8 + 9 = 17$　　② $6 + 5 = 11$

③ $4 + 9 = 13$　　④ $8 + 7 = 15$

⑤ $5 + 6 = 11$　　⑥ $6 + 7 = 13$

⑦ $8 + 5 = 13$　　⑧ $7 + 9 = 16$

⑨ $8 + 3 = 11$　　⑩ $4 + 7 = 11$

⑪ $9 + 6 = 15$　　⑫ $7 + 8 = 15$

⑬ $5 + 9 = 14$　　⑭ $9 + 4 = 13$

⑮ $6 + 8 = 14$　　⑯ $3 + 9 = 12$

104

けいさんを　しましょう。

① $3 + 8 = 11$　　② $9 + 2 = 11$

③ $7 + 4 = 11$　　④ $9 + 3 = 12$

⑤ $7 + 7 = 14$　　⑥ $7 + 5 = 12$

⑦ $8 + 4 = 12$　　⑧ $5 + 8 = 13$

⑨ $5 + 7 = 12$　　⑩ $9 + 9 = 18$

⑪ $7 + 6 = 13$　　⑫ $9 + 5 = 14$

⑬ $6 + 6 = 12$　　⑭ $8 + 6 = 14$

⑮ $9 + 7 = 16$　　⑯ $8 + 8 = 16$

105

たしざん㉕
くりあがりの　ある　たしざん

🍎 けいさんを　しましょう。

① $8+3=11$　② $4+7=11$

③ $6+6=12$　④ $3+9=12$

⑤ $8+6=14$　⑥ $9+8=17$

⑦ $2+9=11$　⑧ $4+8=12$

⑨ $9+9=18$　⑩ $7+8=15$

⑪ $6+9=15$　⑫ $7+6=13$

⑬ $5+9=14$　⑭ $8+8=16$

⑮ $6+8=14$　⑯ $9+7=16$

たしざん㉖
くりあがりの　ある　たしざん

① こどもが　8にん　います。そこに　4にん
きました。みんなで　なんにんに　なりましたか。

しき　$8+4=12$

こたえ　　12にん

② ほんだなに　えほんが　7さつ、まんがが
6さつ　あります。あわせて　なんさつですか。

しき　$7+6=13$

こたえ　　13さつ

③ えを　みて　7+4の　しきに　なる　もんだい
を　つくりましょう。

はとが　7わ　います。そこへ　4わ　とんで
きました。はとは　ぜんぶで　なんわですか。

まとめテスト

まとめ⑦
くりあがりの　ある　たしざん／50てん

① つぎの　けいさんを　しましょう。　（1もん6てん／30てん）

① $8+6=14$　② $5+7=12$

③ $9+4=13$　④ $8+9=17$

⑤ $7+6=13$

② おりがみを　わたしが　6まい、いもうとが
7まい　もっています。あわせて　なんまいですか。
（10てん）

しき　$6+7=13$

こたえ　　13まい

③ きょうしつに　9にん　います。3にん　はいって
きました。きょうしつに　なんにん　いますか。
（10てん）

しき　$9+3=12$

こたえ　　12にん

まとめテスト

まとめ⑧
くりあがりの　ある　たしざん／50てん

① つぎの　けいさんを　しましょう。　（1もん6てん／30てん）

① $4+8=12$　② $5+7=12$

③ $9+9=18$　④ $6+9=15$

⑤ $8+7=15$

② りんごが　7こ　あります。4こ　かって　くると
りんごは　ぜんぶで　なんこに　なりますか。　（10てん）

しき　$7+4=11$

こたえ　　11こ

③ くりあがりの　ある　たしざんに　〇を　つけましょ
う。　（〇1つ5てん／10てん）

① （　）$6+3$　② （〇）$7+8$

③ （　）$8+1$　④ （　）$3+4$

⑤ （〇）$2+9$　⑥ （　）$5+3$

● ゆうとさんは　くりを　16こ　ひろいました。
おとうとに　9こ　あげました。くりは　なんこ
のこって　いますか。

 ➡ 9こ　あげる

① しきを　かきましょう。

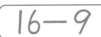

たしざんかな、
ひきざんかな？

② けいさんの　しかたを　かんがえましょう。

9こ
あげます

のこりの
1と　6を
あわせると

6から　9は　ひけません。
10から　9を　ひいて　1。
1と　6を　あわせて　7。

③ しきを　なぞり、こたえを　かきましょう。

16 − 9 = 7

こたえ　　　7こ

110

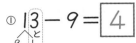

● けいさんを　しましょう。

① 13 − 9 = 4
9 1

● 3から　9は　ひけません。
● 10ひく　9は　1。
● 1と　3で　4。

② 14 − 9 = 5
9 1

● 4から　9は　ひけません。
● 10ひく　9は　1。
● 1と　4で　5。

③ 15 − 9 = 6
9 1

④ 17 − 9 = 8
9 1

⑤ 18 − 9 = 9
9 1

111

● えんぴつが　17ほん　あります。8ほん　けずる
と、けずって　いない　えんぴつは　なんぼんに
なりますか。

① しきを　なぞりましょう。

17 − 8

② けいさんの　しかたを　かんがえましょう。

17 − 8
8 2

8ほん
けずります

けずる

のこりの
2と　7を
あわせると

7から　8は　ひけません。
10から　8を　ひいて　2。
2と　7を　あわせて　9。

③ しきと　こたえを　かきましょう。

しき　17 − 8 = 9

こたえ　　　9ほん

112

● けいさんを　しましょう。

① 11 − 8 = 3
8 2

● 1から　8は　ひけません。
● 10ひく　8は　2。
● 2と　1で　3。

② 12 − 8 = 4
8 2

● 2から　8は　ひけません。
● 10ひく　8は　2。
● 2と　2で　4。

③ 13 − 8 = 5
8 2

④ 14 − 8 = 6
8 2

⑤ 15 − 8 = 7
8 2

113

ひきざん ㉑
くりさがりの　ある　ひきざん

りんごが 14こ あります。となりの うちに 7こ あげました。なんこ のこって いますか。

➡ 7こ あげる

① しきを なぞりましょう。

$14 - 7$

② けいさんの しかたを かんがえましょう。

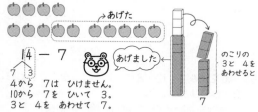

→あげた

$14 - 7$
7　3

あげました

のこりの 3と 4を あわせると

4から 7は ひけません。
10から 7を ひいて 3。
3と 4を あわせて 7。

③ しきと こたえを かきましょう。

しき 14－7＝7

こたえ　　7こ

114

ひきざん ㉒
くりさがりの　ある　ひきざん

けいさんを しましょう。

① $11 - 7 = \boxed{4}$　　●1から 7は ひけません。
7　3　　　　　　　　　　　●10ひく 7は 3。
　　　　　　　　　　　　　●3と 1で 4。

② $12 - 7 = \boxed{5}$　　●$\boxed{2}$から 7は ひけません。
7　3　　　　　　　　　　　●10ひく 7は 3。
　　　　　　　　　　　　　●3と $\boxed{2}$で $\boxed{5}$。

③ $13 - 7 = \boxed{6}$
7　3

④ $15 - 7 = \boxed{8}$
7　3

⑤ $16 - 7 = \boxed{9}$
7　3

115

ひきざん ㉓
くりさがりの　ある　ひきざん

けいさんを しましょう。

① $11 - 7 = 4$　　② $14 - 5 = 9$

③ $13 - 6 = 7$　　④ $12 - 3 = 9$

⑤ $13 - 7 = 6$　　⑥ $11 - 9 = 2$

⑦ $15 - 8 = 7$　　⑧ $12 - 6 = 6$

⑨ $15 - 7 = 8$　　⑩ $12 - 8 = 4$

⑪ $17 - 9 = 8$　　⑫ $14 - 6 = 8$

⑬ $12 - 4 = 8$　　⑭ $14 - 9 = 5$

⑮ $13 - 8 = 5$　　⑯ $11 - 4 = 7$

116

ひきざん ㉔
くりさがりの　ある　ひきざん

けいさんを しましょう。

① $18 - 9 = 9$　　② $11 - 8 = 3$

③ $12 - 5 = 7$　　④ $15 - 9 = 6$

⑤ $16 - 8 = 8$　　⑥ $11 - 2 = 9$

⑦ $13 - 9 = 4$　　⑧ $11 - 5 = 6$

⑨ $12 - 7 = 5$　　⑩ $15 - 6 = 9$

⑪ $16 - 7 = 9$　　⑫ $13 - 5 = 8$

⑬ $11 - 3 = 8$　　⑭ $13 - 4 = 9$

⑮ $12 - 9 = 3$　　⑯ $14 - 7 = 7$

117

くりさがりの　ある　ひきざん

① けいさんを　しましょう。

① $11-8=3$　　② $12-5=7$

③ $11-7=4$　　④ $13-8=5$

⑤ $14-7=7$　　⑥ $15-9=6$

⑦ $12-4=8$　　⑧ $15-7=8$

⑨ $17-8=9$　　⑩ $12-9=3$

⑪ $14-5=9$　　⑫ $11-2=9$

⑬ $13-6=7$　　⑭ $14-9=5$

⑮ $16-8=8$　　⑯ $11-3=8$

くりさがりの　ある　ひきざん

① おとなが　15にん、こどもが　7にん　います。
ちがいは　なんにんですか。

しき　$15-7=8$

こたえ　　8にん

② あめが　11こ　あります。2こ　たべました。
のこりは　なんこに　なりましたか。

しき　$11-2=9$

こたえ　　9こ

③ えを　みて　12-8の　しきに　なる　もんだい
を　つくりましょう。

りんごが　12こ、みかんが　8こ　あります。
りんごは、みかんより　なんこ　おおいですか。

くりさがりの　ある　ひきざん / 50てん

① つぎの　けいさんを　しましょう。 (1もん6てん/30てん)

① $13-5=8$　　② $18-9=9$

③ $15-8=7$　　④ $12-7=5$

⑤ $14-6=8$

② こうえんに　こどもが　12にん　います。4にん
かえりました。のこりは　なんにんに　なりましたか。(10てん)

しき　$12-4=8$

こたえ　　8にん

③ いぬが　14ひき、ねこが　8ひき　います。
ちがいは　なんびきですか。(10てん)

しき　$14-8=6$

こたえ　　6ぴき

くりさがりの　ある　ひきざん / 50てん

① つぎの　けいさんを　しましょう。 (1もん6てん/30てん)

① $11-6=5$　　② $17-8=9$

③ $18-9=9$　　④ $12-7=5$

⑤ $16-8=8$

② おりがみを　15まい　もっています。6まい
つかうと　のこりは　なんまいですか。(10てん)

しき　$15-6=9$

こたえ　　9まい

③ くりさがりの　ある　ひきざんに　○を　つけましょ
う。(○1つ5てん/10てん)

① $(　)9-5$　　② $(○)11-5$

③ $(○)12-7$　　④ $(　)9-2$

⑤ $(　)19-3$　　⑥ $(　)17-6$

どちらが　ひろいですか。（　）に　○を　つけましょう。

①
ア　イ
（ ○ ）　（　）

②
ア　イ
（　）　（ ○ ）

122

どちらが　ひろいですか。（　）に　○を　つけましょう。

①
ア　イ
（ ○ ）　（　）

②
ア　イ
（ ○ ）　（　）

③
■が　いくつ　あるかな。
ア　イ
（　）　（ ○ ）

123

どちらの　かさが　おおいですか。
（　）に　○を　つけましょう。

① ⑦　　　⑦
（　）　（ ○ ）

② ⑦　　　⑦
みずの　たかさは　おなじだぞ。
（　）　（ ○ ）

③ ⑦　　　⑦
ジュース　ORANGE
（　）　（ ○ ）

124

おなじ　おおきさの　コップを　つかって、みずの　かさを　くらべました。おおい　ほうに　○を　つけましょう。

①
⑦（　）
⑦（ ○ ）

②
⑦（　）　　　で　5はい
⑦（ ○ ）　　　で　8はい

125

31

ながさくらべ

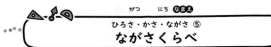

① どちらが ながいですか。ながい ほうに ○を つけましょう。

① ほうき

あ　　　い

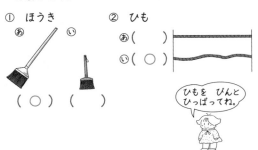

（ ○ ）　（ 　 ）

② ひも

あ（ 　 ）
い（ ○ ）

ひもを ぴんと ひっぱってね。

② どちらが ながいか、テープで はかりました。ながい ほうに ○を つけましょう。

① ほんの たてと よこ

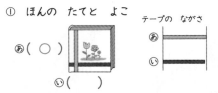

あ（ ○ ）
い（ 　 ）

テープの ながさ

あ
い

126

ながさくらべ

① カードを つかって、ながさくらべを しました。ながい ほうに ○を つけましょう。

① ペンと えんぴつ

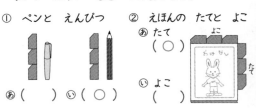

あ（ 　 ）　い（ 　 ）

② えほんの たてと よこ

あ たて
（ ○ ）

い よこ
（ 　 ）

② ますめ いくつぶんの ながさですか。

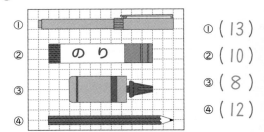

①（ 13 ）
②（ 10 ）
③（ 8 ）
④（ 12 ）

127

ひろさ・かさ・ながさ

/50てん

① どちらが ひろいですか。ひろい ほうに ○を つけましょう。

（1もん10てん／30てん）

①（ 　 ）（ ○ ）

②（ ○ ）（ 　 ）

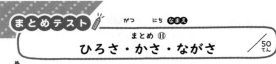

③ （ ○ ）　　（ 　 ）

② どちらが おおいですか。おおい ほうに ○を つけましょう。

（1もん10てん／20てん）

① あ　　い

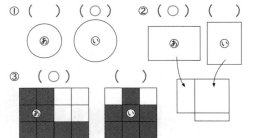

（ 　 ）（ ○ ）

② あ（ ○ ）

い（ 　 ）

128

ひろさ・かさ・ながさ

/50てん

① どちらが ながいですか。ながい ほうに ○を つけましょう。

（1もん10てん／30てん）

①
あ（ 　 ）
い（ ○ ）

②
あ（ ○ ）
い（ 　 ）

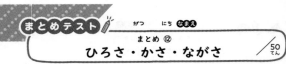

③ きの みきの まわり

あ　　　い

（ 　 ）　（ ○ ）

② ながい じゅんに きごうを かきましょう。（20てん）

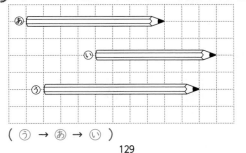

（ ⑤ → ⑥ → ⑥ ）

129

32

かたち①
いろいろな　かたち

● どちらが　よく　ころがりますか。
　よく　ころがる　ものに　○を　つけましょう。

① ⑧
（　　）　　　　（○）

② ⑧
（○）　　　　（　　）

③ ⑧
（○）　　　　（　　）

④ ⑧
（○）　　　　（　　）

かたち②
いろいろな　かたち

①　したの　だんの　かたちと　おなじ　なかまの
　かたちを、せんで　むすびましょう。

㋐　　㋑　　㋒　　㋓
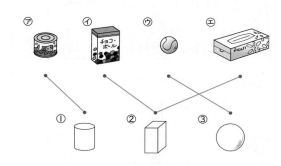

①　　　②　　　③

②　○　○　□　の　かたちの　なかまを、それぞれ
　なんこ　つかって　いますか。

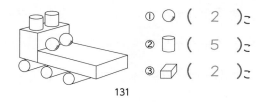

① ○（　2　）こ
② ○（　5　）こ
③ □（　2　）こ

なんばんめ①
どこかな

①　じろうさんは
　まえから
　3ばんめです。

①　じろうさんの　まえには、　（　ふたり　）
　なんにん　いますか。

②　じろうさんの　うしろには、（　5にん　）
　なんにん　いますか。

③　じろうさんは、うしろから　（　6ばんめ　）
　なんばんめ　ですか。

②　えを　みて　こたえましょう。

①　たろうさんの　ひだり
　は、だれですか。
　　　　　　（　ゆかさん　）

②　たろうさんの　うしろ
　は、だれですか。
　　　　　　（　かなさん　）

③　じろうさんの　みぎは、だれですか。
　　　　　　（　かなさん　）

④　かなさんの　まえは、だれですか。
　　　　　　（　たろうさん　）

なんばんめ②
まえから　うしろから

●　あてはまる　ところを　○で　かこみましょう。

①　まえから
　4にん

②　まえから
　4にんめ

③　うしろから
　3にん

④　うしろから
　5にんめ

⑤　みぎから
　3こ

⑥　ひだりから
　3こめ

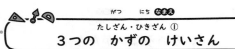

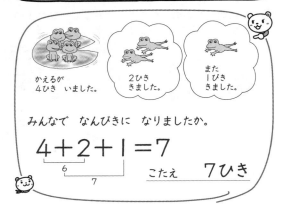

たしざん・ひきざん ①
3つの かずの けいさん

かえるが 4ひき いました。

2ひき きました。

また 1ぴき きました。

みんなで なんびきに なりましたか。

$$4+2+1=7$$

こたえ　7ひき

けいさんを しましょう。

① $3+2+2=7$　② $4+1+3=8$

③ $2+3+4=9$　④ $1+4+2=7$

⑤ $4+6+5=15$　⑥ $3+7+2=12$

⑦ $5+5+4=14$　⑧ $2+8+3=13$

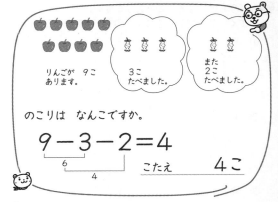

たしざん・ひきざん ②
3つの かずの けいさん

りんごが 9こ あります。

3こ たべました。

また 2こ たべました。

のこりは なんこですか。

$$9-3-2=4$$

こたえ　4こ

けいさんを しましょう。

① $5-3-1=1$　② $6-2-1=3$

③ $7-4-2=1$　④ $8-3-2=3$

⑤ $10-2-3=5$　⑥ $10-4-2=4$

⑦ $10-6-3=1$　⑧ $10-1-4=5$

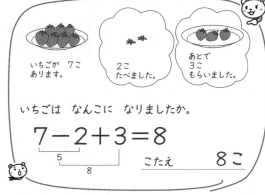

たしざん・ひきざん ③
3つの かずの けいさん

いちごが 7こ あります。

2こ たべました。

あとで 3こ もらいました。

いちごは なんこに なりましたか。

$$7-2+3=8$$

こたえ　8こ

けいさんを しましょう。

① $8-2+3=9$　② $9-4+2=7$

③ $5-1+6=10$　④ $7-1+4=10$

⑤ $7+3-2=8$　⑥ $5+5-3=7$

⑦ $6+4-5=5$　⑧ $3+7-1=9$

たしざん・ひきざん ④
3つの かずの けいさん

① とりが 5わ います。3わ とんで きました。2わ とんで いきました。いま とりは なんわ いますか。

しき $5+3-2=6$

こたえ　6わ

② バスに 7にん のっています。3にん おりました。5にん のってきました。いま バスに なんにん のって いますか。

しき $7-3+5=9$

こたえ　9にん

③ あめが 10こ あります。2こ たべました。また 3こ たべました。あめは なんこ のこって いますか。

しき $10-2-3=5$

こたえ　5こ

まとめ ⑬
3つの かずの けいさん /50てん

① つぎの けいさんを しましょう。 (1もん6てん/30てん)

① 4+3+2=9　② 8+2−5=5

③ 10−6+1=5　④ 9−2−4=3

⑤ 13−3−7=3

② とりが 5わ いました。3わ やってきました。
また 2わ やってきました。
ぜんぶで なんわに なりましたか。 (10てん)

しき 5+3+2=10

こたえ 　10わ

③ バスに 10にん のっていました。
4にん おりて、3にん のってきました。
バスには なんにん のっていますか。 (10てん)

しき 10−4+3=9

こたえ 　9にん

138

まとめ ⑭
3つの かずの けいさん /50てん

① つぎの けいさんを しましょう。 (1もん6てん/30てん)

① 15−5−3=7　② 10−7+6=9

③ 3+7−4=6　④ 9−5+2=6

⑤ 6+4+5=15

② いちごが 12こ ありました。2こ たべました。
また 3こ たべました。
いちごは なんこに なりましたか。 (10てん)

しき 12−2−3=7

こたえ 　7こ

③ おりがみが 10まい ありました。
3まい つかいました。
おねえさんから 2まい もらいました。
おりがみは なんまいに なりましたか。 (10てん)

しき 10−3+2=9

こたえ 　9まい

139

とけい ①
○じ

なんじですか。

① (6じ)　② (8じ)

③ (3じ)　④ (9じ)

140

とけい ②
○じはん

なんじはんですか。うえの とけいと したの
とけいを せんで むすびましょう。

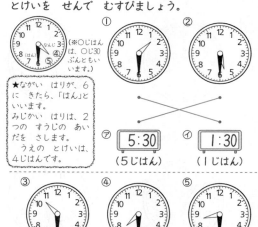

（※○じはんは、○じ30ぷんともいいます。）

★ながい はりが、6に きたら、「はん」と いいます。
みじかい はりは、2つの すうじの あいだを さします。
うえの とけいは、4じはんです。

① ⑦ 5:30 (5じはん)　② ⑦ 1:30 (1じはん)

③ ⑦ 8:30 (8じはん)　④ ⑧ 10:30 (10じはん)　⑤ ⑨ 7:30 (7じはん)

141

🍊 なんじなんぷんですか。うえの　とけいと　したの
とけいを　せんで　むすびましょう。

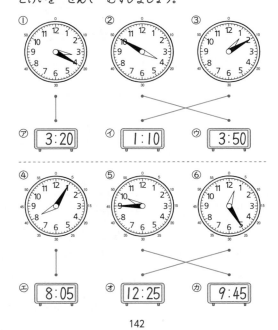

① ⑦ 3:20
② ⑦ 1:10
③ ⑦ 3:50

④ ㋑ 8:05
⑤ ㋔ 12:25
⑥ ㋕ 9:45

142

🌕 なんじなんぷんですか。かきましょう。

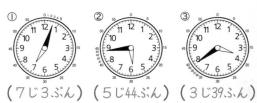

①（ 7じ3ぷん ）
②（ 5じ44ぷん ）
③（ 3じ39ぷん ）

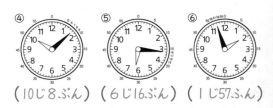

④（ 10じ8ぷん ）
⑤（ 6じ16ぷん ）
⑥（ 1じ57ぷん ）

143

🔴 ながい　はりを　かきましょう。

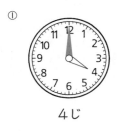

① 4じ
② 7じ

③ 10じはん
④ 1じはん

144

🔴 ながい　はりを　かきましょう。

① 5じ10ぷん
② 8じ25ぷん

③ 2じ38ぷん
④ 9じ43ぷん

145

36

まとめ ⑮
とけい
/50てん

① つぎの とけいを よみましょう。　(1もん5てん/30てん)

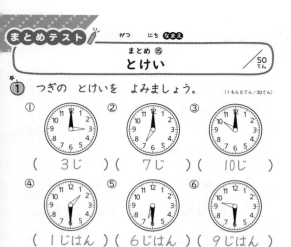

①（　3じ　）②（　7じ　）③（　10じ　）

④（　1じはん　）⑤（　6じはん　）⑥（　9じはん　）

※はんは30ぷんでもよい。

② とけいに はりを かきましょう。　(1もん5てん/20てん)

① 5じ　　② 11じ

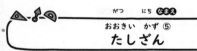

④ 2じはん　　⑤ 4じはん

146

まとめ ⑯
とけい
/50てん

① つぎの とけいを よみましょう。　(1もん5てん/30てん)

①（ 7じ20ぷん ）②（ 9じ40ぷん ）③（ 11じ45ふん ）

④（ 1じ27ふん ）⑤（ 2じ49ふん ）⑥（ 11じ58ぷん ）

② とけいに ながい はりを かきましょう。　(1もん5てん/15てん)

① 10じ12ふん　② 4じ36ぷん　③ 6じ48ぷん

③ ただしい とけいは どちらですか。　(5てん)

2じ55ふん　　㋐　　　　㋑

（　　㋑　　）

147

おおきい かず ⑤
たしざん

① しろい はなが 20ぽんと、あかい はなが 5ほん あります。あわせると なんぼんですか。

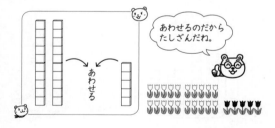

あわせるのだから たしざんだね。

しき 20＋5＝25

こたえ　25ほん

② けいさんを しましょう。

① 20＋8＝28　② 30＋6＝36

③ 10＋3＝13　④ 50＋9＝59

⑤ 40＋4＝44　⑥ 60＋1＝61

148

おおきい かず ⑥
たしざん

① バスに 7にん のって います。10にん のって きました。みんなで なんにんに なりましたか。

みんなの にんずうを けいさん するんだね。

のって きた

しき 7＋10＝17

こたえ　17にん

② けいさんを しましょう。

① 9＋10＝19　② 2＋40＝42

③ 3＋80＝83　④ 5＋50＝55

⑤ 7＋30＝37　⑥ 4＋20＝24

149

① あめが　ふくろに　20こ　あります。べつの
ふくろに　30こ　あります。ぜんぶで　なんこ
あります。

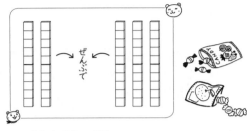

しき　20＋30＝50

こたえ　　　50こ

② けいさんを　しましょう。

① 20＋20＝40　② 30＋40＝70

③ 10＋70＝80　④ 80＋10＝90

⑤ 40＋50＝90　⑥ 60＋20＝80

150

① 40えんの　えんぴつと　60えんの　けしごむを
かいました。なんえんに　なりますか。

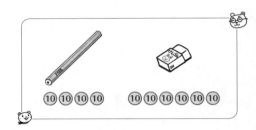

しき　40＋60＝100

こたえ　　100えん

② けいさんを　しましょう。

① 50＋50＝100　② 60＋40＝100

③ 10＋90＝100　④ 30＋70＝100

⑤ 80＋20＝100　⑥ 40＋60＝100

151

① あめが　25こ　ありました。5こ　たべました。
のこりは　なんこですか。

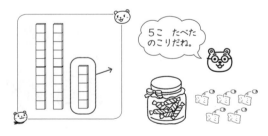

しき　25 － 5 ＝ 20

こたえ　　　20こ

② けいさんを　しましょう。

① 17－7＝10　② 34－4＝30

③ 53－3＝50　④ 76－6＝70

⑤ 42－2＝40　⑥ 28－8＝20

152

① いろがみが　37まい　ありました。30まい
つかいました。のこりは　なんまいですか。

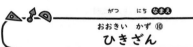
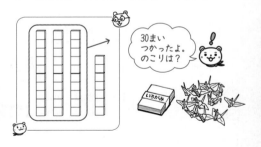

しき　37－30＝7

こたえ　　　7まい

② けいさんを　しましょう。

① 21－20＝1　② 65－60＝5

③ 89－80＝9　④ 32－30＝2

⑤ 57－50＝7　⑥ 74－70＝4

153

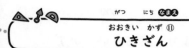

ひきざん

① ふうせんが 40こ あります。20こ あげました。のこりは なんこですか。

あげたから へったね。

しき 40－20＝20

こたえ　　20こ

② けいさんを しましょう。

① 50－20＝30　② 90－40＝50

③ 80－30＝50　④ 60－50＝10

⑤ 70－10＝60　⑥ 40－10＝30

154

ひきざん

① 100えんの けしごむと 80えんの けしごむがあります。ねだんの ちがいは なんえんですか。

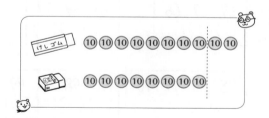

しき 100－80＝20

こたえ　　20えん

② けいさんを しましょう。

① 100－60＝40　② 100－40＝60

③ 100－20＝80　④ 100－50＝50

⑤ 100－30＝70　⑥ 100－10＝90

155

100までの かず

① ひまわりの たねは、ぜんぶで なんこ ありますか。

10の かたまりを つくりましょう。

 が 7こ。

7 0 こ

② えんぴつの かずを かきましょう。

①

十の くらい	一の くらい
2	0

②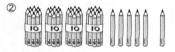

十の くらい	一の くらい
4	6

156

100までの かず

① □に かずを かきましょう。

① 10が 6こで 6 0。

② 10が 8こで 8 0。

③ 71は 10が 7 ことと 1が 1 こ。

④ 90は 10が 9 こ。

② □に かずを かきましょう。

① 十のくらいが 6、一のくらいが 9のかずは 6 9。

② 十のくらいが 4、一のくらいが 5のかずは 4 5。

③ 50の 十のくらいの すうじは 5、
一のくらいの すうじは 0。

157

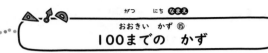

おおきい かず ⑮
100までの かず

① いちばん おおきい かずに ○を つけましょう。

①
67 69 66
( )(○)( )

②
89 59 79
(○)( )( )

③
78 80 79 70
( )(○)( )( )

④
96 98 97 99
( )( )( )(○)

② いくつ ありますか。

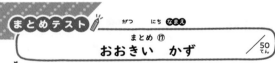

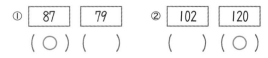

100

10が 10こで 100（ひゃく）です。
100は、99より 1 おおきい かずです。

158

おおきい かず ⑯
100より おおきい かず

① □に あてはまる かずを かきましょう。

① 97 — 98 — 99 — 100 — 101 — 102
② 80 — 90 — 100 — 110 — 120 — 130
③ 100 — 105 — 110 — 115 — 120 — 125
④ 125 — 126 — 127 — 128 — 129 — 130

② □に あてはまる かずを かきましょう。

① 100より 1おおきい かずは 1 0 1
② 100より 10おおきい かずは 1 1 0
③ 100より 1ちいさい かずは 9 9
④ 100より 10ちいさい かずは 9 0
⑤ 120より 20おおきい かずは 1 4 0

159

まとめテスト

まとめ ⑰
おおきい かず /50てん

① おおきい ほうに ○を つけましょう。
(1もん5てん/10てん)

① 87 79
  (○) ( )

② 102 120
  ( ) (○)

② □に あてはまる かずを かきましょう。
(□1つ5てん/20てん)

① 90 — 100 — 110 — 120 — 130
② 85 — 90 — 95 — 100 — 105
③ 96 — 97 — 98 — 99 — 100

③ つぎの かずを かきましょう。
(1もん5てん/20てん)

① 10が 4こと 1が 8この かず。(48)

② 10が 10こ あつまった かず。(100)

③ 100より 10 おおきい かず。(110)

④ 100より 1 ちいさい かず。(99)

160

まとめテスト

まとめ ⑱
おおきい かず /50てん

① つぎの けいさんを しましょう。
(1もん5てん/30てん)

① 60＋5＝65   ② 9＋20＝29

③ 70＋30＝100 ④ 36－6＝30

⑤ 93－90＝3   ⑥ 100－20＝80

② あかい いろがみが 30まい、あおい いろがみが
40まい あります。
あわせて なんまいですか。
(10てん)

しき 30＋40＝70

こたえ 70まい

③ きょうしつに 28にん います。8にんが
うんどうじょうへ いきました。
いま きょうしつに なんにん いますか。
(10てん)

しき 28－8＝20

こたえ 20にん

161

たしざん・ひきざん ⑤
たすのかな ひくのかな

① みなとに ふねが 15せき いました。8せき でて いきました。なんせき のこって いますか。

しき 15−8＝7

こたえ 7せき

② いけには こいが 7ひき、ふなが 9ひき います。あわせて なんびき いますか。

しき 7＋9＝16

こたえ 16ぴき

③ こうえんで こどもが 13にん あそんで います。5にん かえりました。いま なんにんいますか。

しき 13−5＝8

こたえ 8にん

162

たしざん・ひきざん ⑥
たすのかな ひくのかな

① かきが うえの えだに 8こ、したの えだに 6こ なって います。ぜんぶで なんこ なって いますか。

しき 8＋6＝14

こたえ 14こ

② きいろの おりがみが 5まい、しろい おりがみが 7まい あります。ぜんぶで なんまい ありますか。

しき 5＋7＝12

こたえ 12まい

③ たまごが 16こ あります。7こ つかうと のこりは なんこに なりますか。

しき 16−7＝9

こたえ 9こ

163

たしざん・ひきざん ⑦
たすのかな ひくのかな

① ぼくは ねんがじょうを 5まい だしました。おねえさんは ぼくより 4まい おおく だしました。おねえさんは なんまい だしましたか。

しき 5 ＋ 4 ＝9

こたえ 9まい

② ねんがじょうが、ぼくに 5まい きました。おにいさんは ぼくより 8まい おおく きた そうです。おにいさんには ねんがじょうは なんまい きましたか。

しき 5＋8＝13

こたえ 13まい

164

たしざん・ひきざん ⑧
たすのかな ひくのかな

① あきらさんは おちばを 14まい ひろいました。ひろこさんは、あきらさんより 5まい すくなかったそうです。ひろこさんは、なんまい ひろいましたか。

あきら 🍂🍂🍂🍂🍂 🍂🍂🍂🍂🍂

ひろこ ・・・・・・・・・ 🍂🍂🍂🍂🍂

しき 14−5＝9

こたえ 9まい

② みかんを 15こ かいました。りんごは みかんより 8こ すくなく かいました。りんごは なんこ かいましたか。

しき 15−8＝7

こたえ 7こ

165

41

達成表

勉強が終わったらチェックする。問題が全部できて字もていねいに書けたら「よくできた」だよ。「よくできた」になるようにがんばろう！

学習内容	学習日	もう少し	できた	よくできた
かずとすうじ①	／	☆	☆☆	☆☆☆
かずとすうじ②	／	☆	☆☆	☆☆☆
かずとすうじ③	／	☆	☆☆	☆☆☆
かずとすうじ④	／	☆	☆☆	☆☆☆
かずとすうじ⑤	／	☆	☆☆	☆☆☆
かずとすうじ⑥	／	☆	☆☆	☆☆☆
かずとすうじ⑦	／	☆	☆☆	☆☆☆
かずとすうじ⑧	／	☆	☆☆	☆☆☆
かずとすうじ⑨	／	☆	☆☆	☆☆☆
かずとすうじ⑩	／	☆	☆☆	☆☆☆
かずとすうじ⑪	／	☆	☆☆	☆☆☆
かずとすうじ⑫	／	☆	☆☆	☆☆☆
かずとすうじ⑬	／	☆	☆☆	☆☆☆
かずとすうじ⑭	／	☆	☆☆	☆☆☆
かずとすうじ⑮	／	☆	☆☆	☆☆☆
かずとすうじ⑯	／	☆	☆☆	☆☆☆
かずとすうじ⑰	／	☆	☆☆	☆☆☆
かずとすうじ⑱	／	☆	☆☆	☆☆☆
かずとすうじ⑲	／	☆	☆☆	☆☆☆
かずとすうじ⑳	／	☆	☆☆	☆☆☆
かずとすうじ㉑	／	☆	☆☆	☆☆☆
かずとすうじ㉒	／	☆	☆☆	☆☆☆
かずとすうじ㉓	／	☆	☆☆	☆☆☆
かずとすうじ㉔	／	☆	☆☆	☆☆☆
かずとすうじ㉕	／	☆	☆☆	☆☆☆
かずとすうじ㉖	／	☆	☆☆	☆☆☆
いくつといくつ①	／	☆	☆☆	☆☆☆
いくつといくつ②	／	☆	☆☆	☆☆☆
いくつといくつ③	／	☆	☆☆	☆☆☆
いくつといくつ④	／	☆	☆☆	☆☆☆

学習内容	学習日	もう少し	できた	よくできた
いくつといくつ⑤	／	☆	☆☆	☆☆☆
いくつといくつ⑥	／	☆	☆☆	☆☆☆
いくつといくつ⑦	／	☆	☆☆	☆☆☆
いくつといくつ⑧	／	☆	☆☆	☆☆☆
いくつといくつ⑨	／	☆	☆☆	☆☆☆
いくつといくつ⑩	／	☆	☆☆	☆☆☆
いくつといくつ⑪	／	☆	☆☆	☆☆☆
いくつといくつ⑫	／	☆	☆☆	☆☆☆
いくつといくつ⑬	／	☆	☆☆	☆☆☆
いくつといくつ⑭	／	☆	☆☆	☆☆☆
いくつといくつ⑮	／	☆	☆☆	☆☆☆
いくつといくつ⑯	／	☆	☆☆	☆☆☆
いくつといくつ⑰	／	☆	☆☆	☆☆☆
いくつといくつ⑱	／	☆	☆☆	☆☆☆
いくつといくつ⑲	／	☆	☆☆	☆☆☆
いくつといくつ⑳	／	☆	☆☆	☆☆☆
いくつといくつ㉑	／	☆	☆☆	☆☆☆
いくつといくつ㉒	／	☆	☆☆	☆☆☆
いくつといくつ㉓	／	☆	☆☆	☆☆☆
いくつといくつ㉔	／	☆	☆☆	☆☆☆
まとめ①	／		得点	
まとめ②	／		得点	
たしざん①	／	☆	☆☆	☆☆☆
たしざん②	／	☆	☆☆	☆☆☆
たしざん③	／	☆	☆☆	☆☆☆
たしざん④	／	☆	☆☆	☆☆☆
たしざん⑤	／	☆	☆☆	☆☆☆
たしざん⑥	／	☆	☆☆	☆☆☆
たしざん⑦	／	☆	☆☆	☆☆☆
たしざん⑧	／	☆	☆☆	☆☆☆
たしざん⑨	／	☆	☆☆	☆☆☆
たしざん⑩	／	☆	☆☆	☆☆☆
たしざん⑪	／	☆	☆☆	☆☆☆

学習内容	学習日 (がくしゅうび)	もう少し	できた	よくできた
たしざん⑫	／	☆	☆☆	☆☆☆
たしざん⑬	／	☆	☆☆	☆☆☆
たしざん⑭	／	☆	☆☆	☆☆☆
たしざん⑮	／	☆	☆☆	☆☆☆
たしざん⑯	／	☆	☆☆	☆☆☆
まとめ③	／		得点	
まとめ④	／		得点	
ひきざん①	／	☆	☆☆	☆☆☆
ひきざん②	／	☆	☆☆	☆☆☆
ひきざん③	／	☆	☆☆	☆☆☆
ひきざん④	／	☆	☆☆	☆☆☆
ひきざん⑤	／	☆	☆☆	☆☆☆
ひきざん⑥	／	☆	☆☆	☆☆☆
ひきざん⑦	／	☆	☆☆	☆☆☆
ひきざん⑧	／	☆	☆☆	☆☆☆
ひきざん⑨	／	☆	☆☆	☆☆☆
ひきざん⑩	／	☆	☆☆	☆☆☆
ひきざん⑪	／	☆	☆☆	☆☆☆
ひきざん⑫	／	☆	☆☆	☆☆☆
ひきざん⑬	／	☆	☆☆	☆☆☆
ひきざん⑭	／	☆	☆☆	☆☆☆
ひきざん⑮	／	☆	☆☆	☆☆☆
ひきざん⑯	／	☆	☆☆	☆☆☆
まとめ⑤	／		得点	
まとめ⑥	／		得点	
おおきいかず①	／	☆	☆☆	☆☆☆
おおきいかず②	／	☆	☆☆	☆☆☆
おおきいかず③	／	☆	☆☆	☆☆☆
おおきいかず④	／	☆	☆☆	☆☆☆
たしざん⑰	／	☆	☆☆	☆☆☆
たしざん⑱	／	☆	☆☆	☆☆☆
たしざん⑲	／	☆	☆☆	☆☆☆
たしざん⑳	／	☆	☆☆	☆☆☆

学習内容	学習日	もう少し	できた	よくできた
たしざん㉑	／	☆	☆☆	☆☆☆
たしざん㉒	／	☆	☆☆	☆☆☆
たしざん㉓	／	☆	☆☆	☆☆☆
たしざん㉔	／	☆	☆☆	☆☆☆
たしざん㉕	／	☆	☆☆	☆☆☆
たしざん㉖	／	☆	☆☆	☆☆☆
まとめ⑦	／		得点	
まとめ⑧	／		得点	
ひきざん⑰	／	☆	☆☆	☆☆☆
ひきざん⑱	／	☆	☆☆	☆☆☆
ひきざん⑲	／	☆	☆☆	☆☆☆
ひきざん⑳	／	☆	☆☆	☆☆☆
ひきざん㉑	／	☆	☆☆	☆☆☆
ひきざん㉒	／	☆	☆☆	☆☆☆
ひきざん㉓	／	☆	☆☆	☆☆☆
ひきざん㉔	／	☆	☆☆	☆☆☆
ひきざん㉕	／	☆	☆☆	☆☆☆
ひきざん㉖	／	☆	☆☆	☆☆☆
まとめ⑨	／		得点	
まとめ⑩	／		得点	
ひろさ・かさ・ながさ①	／	☆	☆☆	☆☆☆
ひろさ・かさ・ながさ②	／	☆	☆☆	☆☆☆
ひろさ・かさ・ながさ③	／	☆	☆☆	☆☆☆
ひろさ・かさ・ながさ④	／	☆	☆☆	☆☆☆
ひろさ・かさ・ながさ⑤	／	☆	☆☆	☆☆☆
ひろさ・かさ・ながさ⑥	／	☆	☆☆	☆☆☆
まとめ⑪	／		得点	
まとめ⑫	／		得点	
かたち①	／	☆	☆☆	☆☆☆
かたち②	／	☆	☆☆	☆☆☆
なんばんめ①	／	☆	☆☆	☆☆☆
なんばんめ②	／	☆	☆☆	☆☆☆
たしざん・ひきざん①	／	☆	☆☆	☆☆☆

学習内容	学習日 (がくしゅうび)	もう少し	できた	よくできた
たしざん・ひきざん②	／	☆	☆☆	☆☆☆
たしざん・ひきざん③	／	☆	☆☆	☆☆☆
たしざん・ひきざん④	／	☆	☆☆	☆☆☆
まとめ⑬	／		得点	
まとめ⑭	／		得点	
とけい①	／	☆	☆☆	☆☆☆
とけい②	／	☆	☆☆	☆☆☆
とけい③	／	☆	☆☆	☆☆☆
とけい④	／	☆	☆☆	☆☆☆
とけい⑤	／	☆	☆☆	☆☆☆
とけい⑥	／	☆	☆☆	☆☆☆
まとめ⑮	／		得点	
まとめ⑯	／		得点	
おおきいかず⑤	／	☆	☆☆	☆☆☆
おおきいかず⑥	／	☆	☆☆	☆☆☆
おおきいかず⑦	／	☆	☆☆	☆☆☆
おおきいかず⑧	／	☆	☆☆	☆☆☆
おおきいかず⑨	／	☆	☆☆	☆☆☆
おおきいかず⑩	／	☆	☆☆	☆☆☆
おおきいかず⑪	／	☆	☆☆	☆☆☆
おおきいかず⑫	／	☆	☆☆	☆☆☆
おおきいかず⑬	／	☆	☆☆	☆☆☆
おおきいかず⑭	／	☆	☆☆	☆☆☆
おおきいかず⑮	／	☆	☆☆	☆☆☆
おおきいかず⑯	／	☆	☆☆	☆☆☆
まとめ⑰	／		得点	
まとめ⑱	／		得点	
たしざん・ひきざん⑤	／	☆	☆☆	☆☆☆
たしざん・ひきざん⑥	／	☆	☆☆	☆☆☆
たしざん・ひきざん⑦	／	☆	☆☆	☆☆☆
たしざん・ひきざん⑧	／	☆	☆☆	☆☆☆